嫁給卡耐基

Married Carnegie

廖春红♥编著

天津科学技术出版社

图书在版编目（CIP）数据

嫁给卡耐基：世界上最有智慧的女人 / 廖春红编著. —天津：天津科学技术出版社，2011. 1

ISBN 978 - 7 - 5308 - 6171 - 4

Ⅰ. ①嫁⋯　Ⅱ. ①廖⋯　Ⅲ. ①女性—修养—通俗读物

Ⅳ. ①B825 - 49

中国版本图书馆 CIP 数据核字（2010）第 247280 号

责任编辑：刘丽燕　徐兰英

责任印制：白彦生

天津科学技术出版社出版

出版人：蔡　颢

天津市西康路 35 号　邮编 300051

电话（022）23332398（事业部）　23332697（发行）

网址：www. tjkjcbs. com. cn

新华书店经销

河北省香河县宏润印刷有限公司印刷

开本 690 × 960　1/16　印张 17. 5　字数 220 000

2011 年 1 月第 1 版第 1 次印刷

定价：28. 00 元

愿你心中净莲绽放
（代前言）

成功学大师戴尔·卡耐基的一生是幸福的，在事业上，他帮助成千上万的人走出心灵的困境，并且让卡耐基思想传遍世界。《纽约时报》盛赞他："除了自由女神，卡耐基或许就是美国的象征。"在感情上，他得到了妻子桃乐丝·卡耐基的爱和有力帮助。美满的爱情和婚姻是他人生幸福的另一半来源。

那么，在成功学大师卡耐基的眼中什么样的女人才算得上成功呢？对此，卡耐基给出了答案，他认为，一个魅力四射的成功女人，必须具备七项特质：①聪明有教养；②管理好自己的情绪；③具有独特的气质；④不拜金、不仇富、会理财；⑤充分展示性魅力；⑥释放妻性和母性能量；⑦帮助丈夫取得事业成功。

这看起来如此简短的几句话，却几乎涵盖了一个成功女性所需要具备的全部素质：在自身修养方面，在性情方面，在个人气质方面，在对待金钱的态度方面，在对待丈夫以及亲人方面，说得深入浅出、入木三分。

其实，卡耐基有关女性的思想很大一部分来自他的妻子桃乐丝。作为一名成功男人背后成功的妻子，桃乐丝也受到了丈夫的许多影响，她始终与丈夫站在一起，继续扩展他那已辉煌的事业。作为一名成功的妻子和成功的女人，桃乐丝是无数女人羡慕的对象，女人都希望能像她那样找到生活的真谛、成功的秘密。桃乐丝堪称是“世界上最有魅力妻子的典范”，她以自己的亲身经历和真实感受为基础，写作并出版了《如何成为最有魅力妻子——帮助丈夫获得成功且婚姻幸福》一书，贴心地告诉了女性读者保持生活幸福的秘诀，以及如何做成功男人身边不可或缺的好妻子。与广大女性朋友分享了她的成功经验与魅力秘密。

卡耐基夫人的许多观点在世界各地广为流传，影响了无数的女性。例如，她说道：“妻子的职责，就是帮助她的丈夫成为他理想中的那个人。一个女人照顾好全家人的饮食、起居、培育好孩子，全心全意营造好一个家庭的幸福和快乐……难道这个世界上还有其他的工作比这些更值得尊敬，对个人乃至整个社会更有意义、更有价值吗?”给许许多多在婚姻中迷茫不知所措的妻子们点燃了一盏明灯。

本书选取了卡耐基夫人最精到的见解和观点，进行了重新的编译和整理。把他们夫妇对女性及婚姻的真知灼见，再一次呈现给大家，给每位妻子和即将走进婚姻里的女性朋友带去切实可行的幸福参考和体贴入微的温情关怀，帮助女性朋友了解婚姻、适应婚姻、经营婚姻、享受婚姻，像卡耐基夫人一样，成为世界上最有魅力的妻子，拥有最幸福的婚姻生活。

编译者

目录
CONTENTS

第一章　当你成为一个妻子

第二章　魅力妻子的品格

目录
CONTENTS

第四章　好妻子是丈夫的左膀右臂

第五章　会“烹调”婚姻的完美妻子

目录
CONTENTS

目录
CONTENTS

第七章　在婚姻中让心灵得到真正的成长

目录
CONTENTS

第一章 ♥ 当你成为一个妻子

做妻子是女人一生的职业

艾森豪威尔夫人曾经说过："生活带给女人的最伟大生涯，就是做个妻子。"一个女人照顾好全家人的饮食、起居、培育好孩子，全心全意营造好一个家庭的幸福和快乐……难道这个世界上还有其他的工作比这些更加值得尊敬，对个人乃至整个社会更有意义、更有价值吗？

一位杰出的社会学家曾说过，当今的女性已经不再认为处理家务有什么重大的意义了，她们觉得在家庭这样一个狭小的环境里，即使把女性的才智发挥到完美程度，对社会来说也没有多大的价值！所以，当一个女人向别人介绍自己说她"只是一个家庭主妇"的时候，总会感到有点畏缩、带点自卑。

其实，一个女人能把全部的时间和精力都奉献给她的家庭，她是应该为此感到自豪的。一个家庭主妇要知道，她在生活中所扮演的角色，所需要的各种才华，比一个女演员在一次职业表演赛里所需要的各种技艺要多得多。你可曾真正用心想过，一个家庭主妇需要具备多少专业技能？她必须是洗衣工、厨师、裁缝、护士、保姆、打杂工、兼职司机、书记员和记账员、购物专家、公共关系专家、女主人、人事主管、顾问、牢骚发泄对象、总经理和主管等角色。

当然只有这些还不够，如果想要在自己丈夫的心目中保持闪烁的光芒，她还必须保持自己的魅力，并时刻注意自己的装扮和形象。

家庭主妇的工作对丈夫事业上的成功会有多大的影响呢？就让玛丽妮亚与佛狄南博士来回答这个问题吧！他们是《女人！被忽视的性别》这本名著的作者。他们说："研究结果很明显，由于妻子在家里做了大部分的工作，便不必再雇请别人了，因此，丈夫收入的有效运用价值，便增加了百分之三十至六十。"

况且，许多最著名的人士也都是因为其妻子的大力协助才获得成功的，这些妻子对于自己"只是一个家庭主妇"的工作，都认为非常崇高且极有意义。艾森豪威尔总统的夫人就是一个典型的例子。

《今日女性》杂志刊登了美国总统艾森豪威尔夫人的一篇名为《如果我现在又当了新娘》的文章。在这篇文章里，艾森豪威尔夫人说出了她最崇高的信念："生命带给女人的最伟大生涯，就是做个妻子。"

"洗小孩子的尿布和全家人的脏衣服，的确是一件令人感到乏味的事。一个家庭里每天都有要做的事，有时候看起来就像是一些毫不重要、可有可无的小工作，而且这些琐事好像永远也做不完！尤其当你的丈夫带回来许多重要消息，并且向你询问：'你今天做了什么事呢，亲爱的?'，而你所能说的只是'噢，我今天付了水电费……'

"就是在这些时候，一定会使你很想到外面找个工作，同时赚些收入。但是，如果你不向那个诱惑屈服，你的生命将可以获得更多的报偿；如果你向诱惑屈服了，20 年后你将发现自己除了有一个职业外，一无所有，或是你会惊讶地发觉，你将面对一个被遗弃的家庭！这时候，你岂不是追悔莫及！

"假如我现在才结婚，我还是愿意像以前一样专心做个家庭主妇。

我将努力扮演好自己的角色，善用我丈夫微薄的薪水来料理每一项家务，多结交一些朋友，每天早上都可以开心地看着他吃完早饭后才去上班，我要尽我最大的能力，帮助他实现自己的理想。

“家庭主妇是我的工作和乐趣。尽我所能，想尽办法，使艾森豪威尔的家永远保持和谐安定，这是我感到最奇妙、最有价值、最繁忙而快乐的生活！”

作为“只是一个家庭主妇”的玛莉·艾森豪威尔做得可真不错，她已经帮助她的丈夫住进了这世界上最著名的房子之一——白宫！

婚姻不是爱情的坟墓

有人说：“婚姻是爱情的坟墓。”结婚意味着激情的冷却以及爱情的消逝。婚姻真的如此可怕吗？答案是否定的。问一下那些甜蜜相守着的夫妇，就会知道有时候爱情与婚姻是可以共同拥有的。

如果说婚姻是爱情的坟墓，那只能说是因为双方不懂得如何去经营爱情，相信当两个人决定结婚前，一定是彼此有感觉的，只是婚后的日子让爱情变平淡了。这仅仅只是因为结婚以后，男人与女人都放下了爱情中的浪漫，投入到工作中去了。戴尔曾经说过，婚姻之所以没有了爱情那样鲜明而浪漫的色彩，是因为双方把精力投向了别处，这并不是爱情的消逝，而是对爱情的忽略。只要多花心思在感情上，爱情就能以一种更加温情的面貌与婚姻同在。

女人嫁给一个爱你的人是幸福的。在他的面前，你可以肆无忌惮地撒娇、扮痴；你可以任性地做任何你想做的事；在他面前你可以尽情地放任自己，你可以不修边幅。但是在享受他对你的宠溺、迁就、包容时，也不要忘记为他建设一个心灵的栖息地，做他生活中那块最安稳的小岛，让他也能感受到有你的快乐。

婚姻和爱情的最大不同点就是，爱情光靠感情就能维持住，而婚姻不仅需要感情，还需要很多实际的东西，比如说经济基础，比如社会认同，等等。爱情是婚姻的前奏，婚姻是爱情的归宿，所以当美丽的爱情走进了结婚的殿堂，我们都要学会经营，从心底学会善待对方，感恩对方。

就在蜜月里，戴尔和我在俄克拉荷马城度过了我们婚后的第一个星期。在那儿，他正在进行为期一周的系列讲演。我那时正全心全意幻想着传统中的浪漫场景：赞美的语句，罗曼蒂克情调，烛光和小提琴的演奏声。然而，我发觉自己只是坐在旅社的房间里——独自一人——孤单的在房子里欣赏着我的嫁妆，那时我的新郎正和委员们坐着谈论、研究他的演讲稿，还一面和赞助人讨论着事情。他太忙了，事实上我必须先和他定个时间，才能接近他——在那些我们能够共处的短暂时刻里，我一直对他表现出愤怒和不悦。

到了今天，我认为自己很幸运，那时候他没有把我的行装整理好送我回妈妈那儿，直到我能够学会成个大女孩，而不再是个娇纵的小孩子。婚姻只是适合于大人的。

每一个十全十美的妻子，都会得到丈夫的敬爱。华伟克·C. 安格斯先生在一封信中说："很可能因为我娶了这个女孩子，所以我才比大部分的男人更加幸福。我所能给她的最大赞赏就是对她说，如果我能够回到三十二年前，而且清楚我现在的成就，我仍然愿意再和她结婚——只要她愿意再嫁给我！我所获得的任何成功，都来自这位可爱的妻子的伴行。"

如果没有爱情，成功又有什么意义呢？缺乏爱情，财富和权势也就等于废物和灰烬了。如果丈夫从妻子深挚的爱情里得到了安定和幸福，那么，他带给一个爱他和他爱的女人更高的生活水准的机会也就大大地增加了。

婚姻是一门学问，是一门技术，但不是书本那样的死学问，也不是生产环节的死技术，它像经营管理一样，是一门活学问，是一门活技术。到了情窦初开的年龄，人人都需要学习，人人都需要研究。我们不仅要把婚姻当一门学问、一门技术来学习、来研究，更要把婚姻当做一项事业来合伙经营，把婚姻的理论知识与婚姻的生活实践相结合。

男人心目中的理想妻子

一个男人娶老婆，是找对象。所谓对象，是知情知趣，能够了解他的心意，与他有共同生活的乐趣；她应该是他心中的理想，是他精神的寄托；她有时迁就他，有时也管着他；有时爱他，有时也要骂他。

如果有人问：“怎样的妻子才是一个好妻子？”这的确是一个非常值得研究的问题。一个被众人公认为是贤妻良母的好妻子，经常失去丈夫的爱，而那些茶不烧、饭不煮，懒得要命的女人却能够获得丈夫的心。你说奇怪吗？

如果有人问一个男人：“怎样的妻子才是一个好妻子？”那一定是能给男人带来幸福的女人。关心他，体贴他，能给他最直接的幸福感的妻子才是男人心目中的理想妻子。戴尔就曾经说过：“一个男人娶老婆，是找对象。所谓对象，是知情知趣，能够了解他的心意，与他有共同生活的乐趣；她应该是他心中的理想，是他精神的寄托；她有时迁就他，

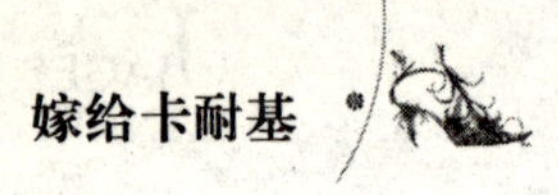

有时也管着他；有时爱他，有时也要骂他。”

大量的爱情事实告诉我们：在细微之处和生活小事中表露出来的体贴最能体现相爱之深。体贴，在婚前它是浇灌爱情之花的甘露；在婚后，它是保证爱情之树常青的阳光雨露。可以毫不夸张地说，体贴是注入爱人心田的玉液琼浆。

知其好

要全方位地了解你的爱人有哪些爱好：爱读古典诗词还是言情小说，爱听流行歌曲还是古典音乐，爱游名山大川还是古都新城，爱喝咖啡还是清茶……这些都应该知之甚深，烂熟于胸，并要尽可能地创造条件，投其所好，使爱人深深感受到你的炽热之情。

贺其喜

一个人在一生中会遇上许多大大小小的喜事。当爱人遇到喜事时，你千万不能无动于衷，漠然置之，而应该及时贺喜，这会使你的爱人感到这是一种精神上的体贴。他因此而喜上加喜，爱情也就随之升华。贺喜的形式多种多样：买一件价廉物美的礼物，说几句情真意切的贺词，甚至作一个讨人喜欢的承诺，都能使你爱人陶醉。

慰其劳

人在劳累之时最需要爱人的体贴。这时的体贴，是一种慰劳，一种关切，一种感情的倾吐。跟花前月下的山盟海誓相比，它更使人陶醉，更使人感受到阳光的灿烂，更使人品味到爱情美酒的甘醇。

补其短

人各有所长，也各有所短。相知甚深的夫妻之间，不仅能深切地感受到对方的长处，也一定会清楚地看到对方的短处。面对爱人的短处该怎么办？鄙视嘲笑的态度固然很不可取，而听之任之的做法也不足取。真正体贴爱人的人，应该尽一切可能弥补其短处，鼓励爱人不断完善自我。这种体贴是最高层次的体贴。没有宽阔的胸襟，没有真挚的感情，就不可能有感人肺腑的体贴。

好妻子的准则

每个踏入婚姻殿堂的女人都想知道：什么样的妻子才算得上是世界上最有魅力的妻子？需要国色天香的容貌吗？需要十八般技艺样样精通的智慧吗？各人要求的标准并不相同，但有一些原则是大家一致认可的。

每个踏入婚姻殿堂的女人都想知道：什么样的妻子才算得上是世界上最有魅力的妻子？需要国色天香的容貌吗？需要十八般技艺样样精通的智慧吗？对此，我要告诉天下的妻子们：要做一个好妻子并不复杂，只需要你做到这几条准则。

不要成为丈夫背后的女人

被丈夫遗落在身后的妻子——因为她不能赶上她丈夫的事业——并不是一个值得同情的人。这种人通常是太懒了，或是不肯用心地利用周围的机会来改进自己。

“跟上丈夫在事业中随时变化的步伐，是婚姻幸福的真正关键”。美国电影协会会长夫人艾立克·强斯顿夫人写道，“表现友善与和气的女人，是无价的资产。工作繁忙的男人，常常因为太专心于工作，而没有

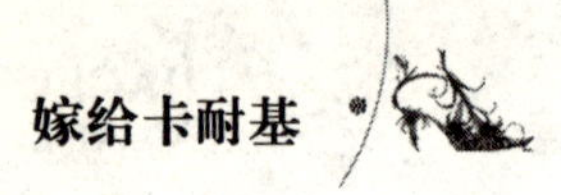

办法建立增进生活情趣的、温暖的人际关系。如果他的妻子无论走到哪里都能够制造出一种温暖人心的气氛，那么他将是多么的幸运。”像这样的一个女人，在丈夫事业向前迈进的时候，是永远也不会被遗落在身后的。她是丈夫选派到世界各地去的亲善大使。

让婚姻充满创意

有人做过粗略的统计，把每个人一生中的激情加起来，最多不会超过三个月。当两个人从爱情走向婚姻，相互间的吸引力及激情也就随着在一起的时间的增多而变淡。于是，就有人会说：“婚姻是爱情的坟墓。”其实，就算不结婚，太长时间的马拉松式恋爱也会消耗掉彼此的激情，最终使爱情自动消散。

刚刚新婚的青年男女，往往憧憬着日子一天过得比一天更温馨、浪漫。情人节的时候，希望能收到丈夫表情达意的玫瑰；圣诞节的时候，希望丈夫能牵着自己的手去最有情调的教堂祈祷；在结婚纪念日时，更希望丈夫能出其不意地给人以惊喜。然而，当日历像树叶渐渐由青变黄而飘落，那些希望也如黄叶般飘落了。因此，用心营造二人世界是非常重要的，要常常出其不意地给他点惊喜。

在特殊日子别忘给男人买一件小礼物。送小礼物似乎是男人讨好女人的“专利”，其实不然，许多男人同样也渴望在自己生日或有意义的日子能得到女人的小礼物，那不单单是物质的馈赠，更重要的是体现了女人对男人的关爱。

试着经常地保持距离，让每一次小别之后，重燃昔日的温馨。“距离产生好感”，这样的生活创意给人的热情胜过了长相厮守。

学会宽容对方

女人最让男人讨厌的缺点之一就是她的不宽容。其实，男人想到自己出自母亲的子宫，多多少少都会有一种特殊的感觉，这种感觉带着一点尴尬的色彩。所以，男人对女人有着天生的亲近，也有天生的畏惧、天生的嫌恶、天生的憎恨。在女人面前，男人始终无法摆脱这种与生俱来的天性。无论多么以性别为自豪的男人，总会有为维持自己的男性身份而奋斗的焦虑。这就如同一个世界冠军，他最大的压力正是作为冠军，他就必须永远证明自己是冠军。男人自从意识到自己的男性身份后，就永远陷入了时时刻刻要证明自己是男人的泥潭。

能够允许男人沉迷于一些没有意义的小事的女人是宽容的。比如拿打火机拆来拆去，或整夜地打电脑游戏。这些毛病往往是男人的心理缓冲，宽容他们是更好的关怀和督促，是更深的爱。

能够放任男人和朋友们消磨时光的女人是宽容的。因为男人需要时不时地回到少年时光，这是少年时逃避母亲过分的爱和关心的心理的再现。

能够让男人和其他女人交往的女人是宽容的。爱美之心人皆有之，男人天生喜欢在所有的女人身上寻找美来观赏，但并不是所有的男人都是见一个爱一个。事实上，有好的观赏力的男人多半会很好地爱妻子。

能够在男人不图进取时保持适当沉默的女人是宽容的。总的来说，没有一个男人在一生中都是勇往直前的。大多数男人总会遇到周期性的情绪波动和行为上的调整。鞭打快牛的结果往往适得其反，男人并不总需要激励。

掌管好家庭的财务

家庭收入的花费，往往是婚姻生活里必须调节、适应的主要地方，妻子的工作之一就是做一个理财能手。不要埋怨丈夫赚钱不够多，要在有限的收入中审慎支出，依照预算处理家庭财政，使经济生活安定乃是减少夫妻龃龉的好方法。

保持形象的美丽

如果你在意他，也要在意自己在他眼中的形象。生活告诉我们，要珍惜自己，要在意自己的形象，因为形象能增强自己的生命活力。你应该喜欢给每个人以有信心的印象。看着某人，你可能会在心里涌起这样一种想法："这个人衣着得体，不落俗套。她一定很在乎自己。"要知道，我们都在互相打量。

朱迪·欣德林——《女人成功和幸福的十大秘诀》的作者说："就像女人忘不了她们的丈夫说过的每一句坏话、做过的每一件坏事一样，我的感觉是，男人也是这样，因为这是人的本性。当夫妻关系不和时，他们会本能地往记忆深处搜索，找出他们现在不爱的妻子身上的那些反面的、丑陋的东西。

"如果我们关系出现不和，我决不会愿意我丈夫脑海里浮现出一个古怪的长得像我的女人早上蓬头垢面地从床上爬起来——整个儿就是一个黄脸婆。为什么要给他提供攻击自己的弹药呢？

"所以，每天早晨，我在杰里起身之前就梳好头发，并涂点儿口红；这样，他睡眼惺忪中看到我的第一眼就很愉悦，这同样也令我自我感觉良好"。

除了适当的化妆修饰，保持身材与注重衣着，对你在丈夫眼中的形象维护也同样重要。

保持窈窕的身段：所有的丈夫都希望他的妻子是一个曲线玲珑的女人。如果你的身体超重，你必须立即采取行动来除掉身上那些不受欢迎的脂肪，否则，恐怕你整个人都不会再受欢迎了。

衣着翻新：没有比长年累月穿同一件衣服、同一件睡袍令人兴味索然的了。而精心刻意的穿着可以带来罗曼蒂克的气氛，使他对你永远保持新鲜的爱情。

理解婚姻的真谛

> 并不是失去的爱破坏我美好的时光，但爱的失去，尽都是在小小的地方。

作为一对伴侣，应该有能够贡献的、最值得向往的共同欢笑的能力。年岁渐增后，我们学会了凡事放松，无忧无虑地、轻松愉快地笑自己、笑彼此；或者因为我们已经疲惫，也了解我们是真心地喜爱彼此，最后终于将性别差异抛到一旁。

以下是被称之为经营善意关系的 26 字母法则：

接受（Accept）他人原本的样子。

仁慈（Be Kind）与体谅。

创造（Create）爱的气氛。

不要（Don't）批评。

吸收（Extract）、学习他人的长处。

放弃（Forget about）轻视伙伴这回事。

一同成长（Grow）。

向有建设性的人拓展（Hang out）自我的生活。

邀请（Invite）钟爱的人进入我们的内心世界。

一同加入（Join）一项理想。

经常亲吻（Kiss）、拥抱、手牵手。

一同笑（Laugh）到流泪。

四处移动（Move）、跳舞、散步、骑单车、转动。

踩熄（Nip）愤怒的火苗。

对纯真的情爱敞开（Open）心扉。

出其不意地请客（Pick up a treat when it's least expected）。

免除（Quit）求好心切的需要。

一起录下（Record）你们俩的祈祷。

伸展（Stretch）自我的才能。

好好照顾（Treat）自己身体的健康。

简化（Uncomplicate）自己的生活。

坐而言不如起而行（Vibrate with enthusiasm over suggestions and ideas）。

先听后说（Wait to talk，listen first）。

影印（Xerox）爱的短文并分享它们。

剔除（Yank）对话中有害的字眼。

共处时别心猿意马（Zero in on being together）。

除了坚守 26 字母法则以外，为了营造自己的甜蜜婚姻，大家不妨参考我的一些小建议，将一些夫妻想当然的观念转变成有决定性意义的方法：

✚ 以纯真情爱、拥抱、接吻作为一天的开始，这是增进亲密的最佳方式。

✚ 经常以鼓励、支持、愉快的字眼赞美自己的爱人。

✚ 注意生命里重要关系人所做的善行。

✚ 激励我们的伴侣成为他自己，而非企求他们变成什么样子。

看看那些成功夫妻都是怎么做的吧！

劳勃·布朗宁（英国诗人）和伊丽莎白·巴瑞特·布朗宁（英国女诗人）的婚姻非常美满。他永远不会忙得忘记在一些小地方赞美她和照顾她，以保持爱的新鲜感。他如此体贴地照顾他残废的太太，结果有一次她在给姊妹们的信中这样写道：“现在我自然地开始觉得我或许真的是一位天使。”

太多的男人低估在这些日常而又小的地方表示体贴的重要性。正如盖诺·麦道斯在《评论画报》一篇文章中所说的：“美国家庭真需要弄一些噱头。例如，床上吃早饭，就是大多数女人喜欢放纵一下的事情。在床上吃早饭，对于女人，就像私人俱乐部对于男人一样，有很大的功效。”这就是长久婚姻的真相——一连串细琐的小事情。忽视这些小事的夫妇，就会不和。艾德娜·圣·文生·米蕾，在她的一篇小押韵诗中说得好：

并不是失去的爱破坏我美好的时光，
但爱的失去，尽都是在小小的地方。

要维护家庭生活的幸福快乐，请记住：多注意小事。

“另一半”的真正含义

婚姻是道浪漫的算术题，在这里，只有“1＋1＝1”的婚姻，而没有“1＋1＝2”的算术。在婚姻中，两个人走到了一起，两个人各自削去自己的棱角，合二为一，凑成一个完整的个体，这就是我们称爱人为“另一半”的真正含义。

恋爱的时候，男女双方都是绝佳的化妆师，总是将自己美好的一面展现给彼此看。但当步入婚姻，彼此才发现那些美好背后的分歧。生活的琐碎和繁杂往往出乎他们的意料，彼此性格和生活习惯的激烈冲撞，更令彼此措手不及。于是，双方都失去了心平气和的容忍心态，无休止的争吵就此拉开序幕。生活中，许多夫妻甚至会因为争抢电视遥控器而争吵不休，甚至大打出手。

自古以来，在男人眼里，女人就是弱者的形象。一个温婉可人的女人才能激发起男人充当“护花使者”的渴望。女人，在事业上你可以强硬、干练，但面对自己的丈夫，你需要展现你的似水柔情。如何在婚姻中作出“1＋1＝1”的算术题，而不是“1＋1 < 1”或“1＋1 > 1”，更多的是由女人来谋划。

而如何让“1＋1＝1”，女人首先要解决好婚姻中的争吵问题。不要在爱情甜蜜时，天真地以为自己结婚后永远不会和另一半发生争执。事实上，只要有人的地方，就会有摩擦，碰到心情不好的时候，一点琐事就可能引发一场激烈的争吵。这时候，擅长自我调控，掌握生活节奏的女人，往往能凭简单几句话就轻松浇灭男人熊熊燃烧的怒火。

戴尔曾经说过，在所有对爱的诠释里，他最推崇《圣经》里给爱的定义——恒久忍耐。如果你爱一个人，那么就永远忍耐他（她）的一切，反过来，如果你恒久忍耐一个人，那么你一定是非常非常爱他（她）的。

爱情真正的天敌是时间，是岁月。爱情要战胜时间和岁月，凭的是温情而不是激情，要的是宽容而不是占有，靠的是宽容而不是要求，有的是真诚而不是虚情。

女人，婚姻不是战场，夫妻也不是对手，把职场中的强硬一套都收敛起来吧，把斤斤计较抛到云霄之外去吧，让你的丈夫做一座巍峨的高山，你甘做围绕在他身边的溪流，用你的柔情滋润他的生命，这才是“1＋1＝1”。

让你爱的人自由呼吸

每个人都是一个独立的个体，婚姻并不能改变这种根本上的独立性。渴望相对独立的空间、尝试随心所欲地做事，是生命的必然规律，密不透风的“深爱”，其实是披着关爱外衣的自私占有……

很多热恋中的情侣走进了婚姻的殿堂，之后的生活，他们可能很难适应热恋与婚姻的温差。尤其女性，总是希望丈夫像热恋时一样与自己如胶似漆。但生活中一些事情常常是物极必反的：你越是想得到他的爱，越要他时时刻刻不与你分离，他越会远离你，背弃爱情。你多大幅度地想拉他向左，他则多大幅度地向右。

给他充分的自由度

曾经有这样一个女人，她已经努力了 20 年，想要使她的丈夫成为白领阶层的工作人员。当她嫁给她丈夫的时候，她的丈夫是个快乐而且手艺很好的水管工。她羞于让朋友看到自己的丈夫带个便当（即使盛满了最好的菜），而朋友们的丈夫却提着公事包（虽然里面空无一物）上班。所以她就插手进来管了。为了使太太高兴，这个可怜的家伙就跑到一家大公司去当书记员。多亏他太太的这个想要使他有点成就的决定，几年来他在重重困难之中也升了好几级。他现在已经拿着笔杆，不拿螺丝起子了，他太太也觉得抬得起头来了。他是个对工作感到厌烦的普通书记员，从生活里得不到多少乐趣，但是他的妻子却有许多时间告诉她的女伴们，她是如何把自己的丈夫从劳工的阶层里拉上来。

对于任何人来说，做一件他所喜欢的工作比领取高薪重要得多。健康、幸福和满足比金钱要重要多了。因此，在婚姻生活中，一定要保持彼此有充分的自由度，否则，没有一对婚姻是幸福和美满的。

给他独享嗜好的空间

“没有一对婚姻能够得到幸福，”安德瑞·摩里斯在《婚姻的艺术》这本书里面说，“除非夫妇之间能够相互尊重对方的嗜好。更深一层说，如果希望两个人有相同的思想、相同的意见和相同的愿望，这是很可笑的想法。这种事情是不可能的，也是不受欢迎的。”所以，一个善解人意的妻子应该让丈夫有个私人的天地去做他的工作，譬如集邮，或是其他任何喜爱的事情。在你看起来，他的嗜好也许傻里傻气，但是你千万不可忌妒它，或是因为你不能领会这些事情的迷人之处，你就厌恶它。你应该迁就他。

写威尔·罗杰斯传记的荷马·克洛伊，当他在写威尔的电影剧本的时候，经常住在罗杰斯的农场里。克洛伊先生告诉别人，有一次，威尔·罗杰斯突然想要一把大刀——一种外形难看、杀伤力很强的南美大刀。罗杰斯太太不了解她的丈夫为什么要这件东西，她的第一个反应是劝他不要去买。她想丈夫有了这么一把大刀想要拿来做什么呢？可能只是拿来看一两眼就把它搁到一边忘了吧。但想了一会儿以后，罗杰斯太太决定迁就威尔。她甚至还走了一段很远的路来到城里，亲自为他买回这把大刀。这使得威尔高兴得就像是要过圣诞节的小孩子一样。罗杰斯太太的举动，打通了夫妻间的亲密关系，她尊重并鼓励丈夫的嗜好，他得到妻子的认同。

事实证明，养成一些工作以外的嗜好，不仅能使男人得到好处，通常妻子也可以因而获得助益。

詹姆士·哈里斯是一家大石油公司的地区审计员。他喜欢在休闲时装饰室内和修理家具。当然，他的妻子非常欣赏他漂亮的手艺，由于詹姆士这种有益的嗜好，他们家显得非常吸引人。他还有另外一种嗜好，给每个人带来许多乐趣。他教马克演把戏，马克是他们家的黑色苏格兰种小猎狗。当然马克是业余演员——但是观众很喜爱。它最拿手的绝招是弹钢琴，开始的时候用前腿弹，然后用后腿弹——有时候还用四条腿一起弹。

妻子如果能够鼓励丈夫培养一种有趣的嗜好，就不必担心他去追求别的女人了。

夫妻间的信任度和信用系数自然而然会得到提升。

把丈夫当成生命中的贵人来对待

如果一个男人带妻子到戏院过了一个愉快的晚上；如果他送给妻子一束玫瑰花；甚至他仅仅是每天早晨倒个垃圾，作为妻子都应该向他道谢。

生活的蜜意，有时候就只是一个眼神，一句话而已。婚姻要谨慎，同时也要用心经营，幸福总是来之不易的，但是只要时时能为对方着想，以一颗感恩的心面对生活，你一定会是这世上最幸福的人。

当他为你做了一件事，不管那事需要花多少时间，即使是很容易做到，你都可以郑重地表示感激。一方面这是很好的习惯，表示别人对你好，你都放在心上；另一方面，这是绝佳的示范，让你的男人也学会把你点点滴滴的付出都放在心头。

如果一个男人带妻子到戏院过了一个愉快的晚上；如果他送给妻子一束玫瑰花；甚至他仅仅是每天早晨倒个垃圾，作为妻子都应该向他道谢。如果妻子将他所做的每件事情都视为理所当然，不用怀疑，这个丈夫很快就会停止做这些事情。我们不知道丈夫每天做了多少小事情，只因为我们已经习惯成自然了。

一位妻子曾这样说道：“以前我认为丈夫没有给我帮过什么忙——他不会给孩子换尿布；甚至不会拧紧一支漏水的水龙头，因此觉得让他倒杯水也是一件大事情。然而有个夏天，他去了欧洲，我才惊讶地发现，其实他每天都做了很多的琐事，可是我从来没有感谢过他，现在我只能亲自去做了。”

的确，当他在身边时，你可能感觉不到他的付出，而当他离开时，你才发觉你的生活少不了他。与其这样后知后觉，不如平时就学会欣赏他的付出，感谢他的付出。你可能没有这样的习惯，或不觉得它很重要。举些例子，你便可以举一反三：你的男人把碗洗好了，你拿一张擦手纸或一条毛巾给他，对着他甜甜一笑，说：“谢谢你，辛苦了！”你的男人为你拿来一杯茶，你马上说：“啊！谢谢！你怎么知道我正想喝？”相信你的丈夫听到这些话，一定会打心眼里感到高兴，也会认为你是一个温柔而可爱的妻子。试着把丈夫当成生命中最大的贵人来对待，相信会有惊喜在等着你！

保留属于自己的空间

> 留点秘密给自己并非有意欺骗。让人背离坦率、忠诚的原则，只是要你说话前多思考，以免祸从口出，或破坏了一段不可多得的爱情。

一个女人在订婚前夕，坦诚告诉未婚夫往昔的情感经历，结果换来的是一场无疾而终的婚姻；一对原本恩爱的夫妻，只因妻子无意间邂逅了初恋男友，被丈夫知道后，从此，怀疑与不信任瓦解了浓情蜜意，生活充满吵闹。

到底夫妻或恋人之间该不该坦诚，能不能有所保留？相信百分之八十以上的人认为不该把自己的过去毫无保留地全盘托出，这不禁令人感慨，是人本多疑，使得人与人之间的信任脆弱得不堪一击，还是在自我的前提下，让每个人学会了保留？

其实，每个人都有自己不同的人生经历与境遇，所交往和接触的人也都不一样，因此，每个人都会有自己的隐私，恋人、夫妻也不例外。留点秘密给自己会让你的生活少一分猜疑，多一点快乐。当然，留点秘密给自己并非有意欺骗。让人背离坦率、忠诚的原则，只是要你说话前多思考，以免祸从口出，或破坏了一段不可多得的爱情。这也体现了人与人之间的一种相处艺术，掌握好分寸，你就会拥有好的人缘。

当然，这绝不是鼓励夫妻、情侣之间存在“欺骗”行为，任其成为彼此关系的绊脚石，但当某些话或事必须保留才不会影响到彼此的感情和生活时，不妨留点秘密给自己。然而，所谓的“保留”应是出于善意的原则，而非故意作出伤害彼此关系的行为，否则，便是欺骗了。

一个聪明的女人具有非凡的创造力，她会用全新的生活去覆盖自己的过去。留点秘密给自己，女人就多了一分魅力，而要想使自己的魅力保持得更长久，适当保留一些秘密更是必需的，同时，这也是一种生活的艺术。

现实的婚姻目标

好的爱情有韧性，拉得开，但又扯不断。相爱者互不束缚对方，是他们对爱情有信心的表现。谁也不限制谁，到头来谁也离不开谁，这才是现实的婚姻目标。

许多不快乐的婚姻是由于夫妻双方不肯真正地分享感觉，因此他们的关系变得虚假不实。亲密关系的目的，在于保有原已存在的亲昵，使其变得更趋亲近。自我肯定训练之中，“亲密”意即分享更多个人感情、幻梦、思想、观念的能力，同时，要让他也更能说出他的感情、幻梦、思想与观念，同时这种分享的能力必须愈来愈强。夫妻间互相信赖，并且喜欢与对方在一起，两人也都觉得可以自在地做个“自己”，表现自己的个性。

拉萨若斯博士说：“婚姻之中，由于身体的持续接近，共同分担许多重负与责任，因而需要某种程度的情感隐私。如果理想的友谊是A到Z的关系，理想的婚姻就应进展到A至W，不能再超越了。婚姻并非占有，双方都有权拥有独立性、情绪的隐私与心理活动的相当自由。唯一的条件是在伸展自由与个性时，不要侵入另一半的领域。”

夫妻之间，就像是冰天雪地里的两只刺猬，因为天气太冷，想以身体的靠近取暖，但一方的刺扎到另一方的身体时，大家都感到疼痛难耐，只好分开。可是天气越来越冷，为了取暖，两只刺猬不止一次地尝试靠近又分开，如此反复多次，终于找出不会刺到对方，又能取暖的恰当距离。

这个比喻告诉我们，夫妻之间的距离一定得掌握好：太接近了容易伤害对方，太远了又感受不到对方的关怀，最恰当的是有点距离又不太远。然而，在现实生活中，这个距离并不是那么容易把握的，稍不留意就会有所偏差。

针对夫妻矛盾，有人设计了一个方案，名曰“开放的婚姻”。然而，婚姻无非就是给自由设置一道门槛，在实际生活中，它也许关得严，也许关不严，但好歹得有。没有这道门槛，完全开放，就不成其为婚姻了。婚姻本质上不可能承认当事人有越出门槛的自由，必须把婚外性恋和婚外关系视作犯规行为。

与“开放”相比，“宽”或许是婚姻关系的一个恰当尺度。所谓“宽”，就是两个人不要捆得太紧太死，要给爱情留出自由呼吸的空间，它仅仅着眼于门槛之内的自由，其中包括独处的自由，关起门来写信、写日记的自由，和异性正常交往的自由等。至于门槛之外的自由，它便很明智地保持沉默，知道这不是自己能力管辖的事情。

人与人之间必须有一定的距离，相爱的人也不例外。婚姻之所以容易成为悲剧，就因为它在客观上使得这个必要的距离难以保持。一旦没有了距离，分寸感便会丧失，随之丧失的是美感、自由感、彼此的宽容和尊重，最后是爱情。

结婚是一个信号，表明两个人如胶似漆融成一体的热恋有它的极限，然后就要降温，适当拉开距离，重新成为两个独立的人，携起手来走人生的路。然而，人们往往误解了这个信号，反而以为结了婚更是一体了，结果纠纷不断。

好的爱情有韧性，拉得开，但又扯不断。相爱者互不束缚对方，是他们对爱情有信心的表现。谁也不限制谁，到头来谁也离不开谁，这才是现实的婚姻目标。

会爱比爱本身更重要

曾经，人们都以为爱是最珍贵的拥有，爱是至高无上的礼遇。随着时光的流逝，经过现实的考验，更多的人已经开始改变这种观念，他们渐渐地接受了另一个观念，那就是：会爱，比爱本身更重要。

一个女人如能时时关怀她所爱的男人，那他在远离她及家人单独工作、生活时也会让人放心和可以信赖；一个女人如果善于关怀男人，也就会带动他去关怀、理解他身边的人；一个会爱男人的女人，也一定是个有信心和有魅力的人。

爱人就是爱人

爱人就是爱人，只要去爱，不要拿来与人比较，不要在丈夫面前总说别人的丈夫如何如何好，别数落他没出息，你是他最亲密的人，爱他一定要尊重他。对大多数男人来说，赞赏和鼓励比辱骂更能让他有奋斗的力量。因此，即使是在吵架时也不可以出口伤人，言语的伤口有时一生都会在流血。身体的伤害很容易治愈，精神的伤害后果是可怕的。

不要总摆脸色给对方看

女人在生气的时候是很丑陋的。人无完人，对方性格上会有缺点，生活细节会与你不同，令你不满意，但他工作上已有很多压力，在你面前，他需要放下面具，做回自己，做个普通人。因此，不要对他的小毛病斤斤计较，动不动就摆脸色给他看，宽容才是做人和对待婚姻应有的态度。

别戳破他的牛皮泡泡糖

男人大多喜欢吹牛，因为这样做可以让他们得到一点力量，找到一点自信，好继续人生征程下面的拼搏。虚拟的成就感能让他心情明朗起来，没人喜欢自己一无是处。和妻子在一起，在床上是身体的放纵，谈话是心灵的放纵，只要爱人得到快乐，轻松一点装傻附和他一下不是很好吗？

以柔克刚

男人为何喜欢温柔的女人，因为他们虽然外表坚强，但内心很脆弱，他们需要妻子柔情似水，轻怜蜜爱。只要你有优雅的外表和气质，有含情脉脉的眼神，以柔克刚就是轻而易举的事。

妻子最值得的付出

一个妻子如果愿意为了丈夫、为了家庭放弃一些个人的爱好，她所得到的补偿将远远多于那些付出的小牺牲，这是女人最值得的付出。

许多深爱丈夫的女性并不知道如何让自己的丈夫得到幸福快乐。尽管她们内心深处蕴藏着天底下最浓的爱恋，却往往做着这样的错事：当丈夫要出门的时候，仍然紧紧缠住他不放；当应该安静下来听丈夫说话的时候，仍然喋喋不休；当处理家庭事务时，又像个严厉的军训教官。

其实想要得到男性的欢心并不困难，远远没有女性装扮自己那么费心思，只要像准备一次舞会那样机智、肯动脑筋、肯努力就可以了。当然这样并不是说，我们不应该打扮收拾，而是想提醒那些过分注意自己装扮的女性，不要忘记表现出自己对丈夫的关心。那些懂得如何获取丈夫欢心的女性，完全不必担心自己失去了迷人的青春、姣好的身材，因为她们能够牢牢地抓住丈夫的心。

每一位出色的女秘书，都会研究老板的嗜好，知道如何使他高兴。她知道他喜欢的东西，也知道什么东西会让他勃然大怒，还有，知道在什么环境下能将工作完成得更出色。甚至她会改变一些个人嗜好，使老板看自己更顺眼。如果老板喜欢自然的装扮，她就会改用无色透明的指甲油。其实，太太们也能够从秘书的工作中学到一些诀窍，能够像为老板工作那样为自己的丈夫做同样多的事情。幸福成功的婚姻，都是建立在妻子愿意勤奋学习如何使丈夫快乐的基础之上的。

每当罗斯福总统出去演讲时，总是喜欢有儿女们跟随在身边，因为这样能够减轻他在极为紧张的行程中的压力。当罗斯福夫人接受采访时告诉我，通常她会安排孩子们轮流陪父亲出去，几乎每隔两个星期就轮换一次。这种安排让总统十分高兴。她说："我们的旅途之中，总会发生许多家庭趣事，笑声总是持续不断，因此我丈夫很容易胜任繁重的工作。"

另外，艾森豪威尔总统的夫人也说过，一个妻子最主要的工作就是用点点滴滴的小事为别人创造幸福。其实，这些小事并不是真的很小。"培养出最好的风度，必须先要做出一些小牺牲。"是柴斯特费尔德说过的一句话，同时这也是婚姻幸福的秘诀。一个妻子如果愿意为了丈夫、为了家庭放弃一些个人的爱好，她所得到的补偿远远多于那些付出的小牺牲，因此是十分值得的。

约瑟劳尔·卡巴布兰加先生曾是古巴的外交官，也是世界闻名的国际象棋冠军。卡巴布兰加先生非常机智灵巧，是个受欢迎的人。就和许多超凡卓越的男性一样，他也会顽固地坚持自己的想法。卡巴布兰加先生的遗孀——奥嘉·卡巴布兰加夫人认同上面的说法，并那样做了，因此他们的婚姻非常幸福美满，享有浪漫的爱情和彼此的尊重。奥嘉·卡巴布兰加给丈夫带来了很多快乐，所以有时候，卡巴布兰加先生也会放弃自己坚持的看法来取悦于她。她只不过做了些"小牺牲"就获得了这些奇迹。当卡巴布兰加先生心情烦躁时，她便一句话也不说，让他独立思考，从不会唠唠叨叨地激怒他。奥嘉·卡巴布兰加本来很喜欢那些迷人的社交舞会，但她的丈夫喜欢留在家里，于是她心甘情愿地放弃了社交舞会；卡巴布兰加先生不喜欢她穿的衣服，她马上会换一件他喜欢的；奥嘉本来只喜欢看轻松一些的书，她丈夫却喜爱哲学和历史方面的书，于是她也十分认真地看了丈夫喜欢的书，这么做是为了"欣赏和领会他的意图，从而跟上他的思想"，就像她对我所说的那样。

她的这些做法得到了什么？丈夫是否会因此感谢她？继续看下去，

很快你就会明白。卡巴布兰加先生原本认为，世上最可笑、最矫揉造作的事莫过于赠送礼物。但是有一年的情人节，他为了对妻子表达爱意，特地送给太太一盒大大的、无比漂亮的巧克力，当时他居然像个小学生一样红着脸。奥嘉高兴得无法描述，那么理智的丈夫竟然送了这样一件完全没有理性的礼物，难得的是卡巴布兰加先生真心地喜欢它。从此以后，卡巴布兰加先生的乐趣里面又加了一项——送礼物给自己的太太。有一次，他特意花钱请一名职员加了两个小时班，将一小瓶香水用一连串大小不同的盒子包装起来，只是为了要看看太太打开盒子时脸上的幸福光彩。

卡巴布兰加太太用心地创造丈夫的幸福，而她的丈夫为了感激她的牺牲，也在用心博取她的高兴，并从中体会到快乐。这样看来，他们的婚姻会这么成功就毫不奇怪了。

卡巴布兰加太太的例子说明，能让丈夫快乐的妻子，也能从丈夫那里得到快乐。著名的迪斯雷力的妻子也有同样的感觉，她自豪地告诉她的朋友们："一直以来，我的生命是永恒单纯的幸福，为此我感激丈夫的体贴。"

对一个男性来说，只要他觉得舒适，并能按自己的想法从事喜欢的事，他就会感到快乐幸福，所以妻子们很容易就能做到这些。当然，这句话的意思也包括，让自己喜欢丈夫的消遣和娱乐方式，按照丈夫的喜好改变自己。不管我们怎么做都应该明白，只要丈夫觉得快乐幸福，那么他在社会上获取成功的机会更大，这也是我们所能作的最大的贡献。

第二章 魅力妻子的品格

给他最坚定的信任

> 每一个男人都需要一个信徒，一个在环境不利的时候，护卫着他的女人。当诸事不顺、处境危急，或面对失败的时候，男人需要一个给他力量和信心的太太，让他知道没有任何事情能够动摇她对他的信任。

每一个男人都需要一个信徒，一个在环境不利的时候，护卫着他的女人。当诸事不顺、处境危急，或者面对失败的时候，男人需要一个给他力量和信心的太太，让他知道没有任何事情能够动摇她对他的信任。

19 世纪末，底特律的电灯公司以月薪 11 元雇用了一名年轻的技工。他每天工作 10 小时，回家以后，还常常花费半个晚上在屋后一间旧棚子里工作，他想要设计出一种新的引擎。他的父亲是个农夫，却认为他的儿子正在浪费时间。邻居们都说，这位年轻技工是个大笨牛。每个人都在取笑他，没有人认为他笨拙的修补能够造出什么东西来。除了他的太太，没有人相信他。

当白天的工作做完以后，他的太太就在小棚子里帮助他研究。冬天，天色很早就暗了，他太太提着煤油灯为他照亮，使他能够工作。他太太的牙齿在寒冷中颤抖着，手冻成了紫色，但是她相信他先生的引擎总有一天会设计成功，所以她先生称呼她“信徒”。

在旧砖棚里艰苦工作三年以后，这个异想天开的稀奇玩意儿终于成功了。1893 年，在这个年轻人 30 岁生日的前几天，他的邻居们都被一连串奇怪的声音吓了一大跳。他们跑到窗口，看到那个大怪人——亨利·福特和他的太太，正乘坐着一辆没有马的马车，在路上摇晃着前进。那辆车子真的可以跑到转角那么远而又跑回来呢！一个新工业在那天晚上诞生了——一个将会对这个国家有很深影响的工业。如果亨利·福特是这个“新工业之父”，福特夫人这位“信徒”，就是当之无愧的“新工业之母”了。

50 年以后，福特先生，这位相信灵魂轮回再生的人，被问到他下一次出生时希望变成什么。“我不在乎，”福特先生说，“只要能够和我太太在一起。”他终生都称他的太太为“信徒”，而且希望永远和她在一起。

信任是这样一种积极而神奇的动力，始于信任的行为，不承认暂时的失败，它会保持人的信心，直至他取得成功。

罗勃·杜培雷的经历就是一个极好的例子。

罗勃·杜培雷一直梦想着要做个出色的推销员。终于有一天，机会来了，他开始涉足保险推销。但不幸的是，不管多么努力，他的业绩丝毫也没有起色。他开始忧虑，尤其对没有卖出的保险感到担忧。由于过度的紧张和忧虑，最后，他觉得自己必须辞职来避免精神崩溃。他告诉我：“当时，我觉得我完全失败了，但是我的太太认为这只是暂时的挫折，‘下一次你将会成功，’她不断地劝慰我，‘不要担心！罗勃，我知道你完全有能力成为一名成功的推销员的。’”

后来，罗勃和太太一起在一家工厂里找到了工作，在这期间，他太太从不让罗勃忽略自己的衣着打扮和谈吐举止。

他说："在接下去的一年半的时间里，我太太总是不断赞美我的美好气质，并且指出我具有适合于推销工作的天赋，这是一些甚至连我自己都不知道的才华！如果不是她持续不断地鼓励，我可能会放弃再试一次的想法了。我太太不愿意我放弃自己的梦想，'你具有这种能力，'她一次又一次地这样激励我，'只要你努力，就能够办到！'

"我怎么能够辜负她如此深切的信任呢？她终于成功地使我恢复了对自己的信心。于是，我离开工厂重新从事推销工作。这一次我对自己信心十足，自然，此时我仍然会有一段艰辛的路要走，但是，感谢我的太太，至少我已经上路了。她已经使我深信，只要我真想达到目标，我就能够达成。"

如果我要雇用推销员的话，我会认为一个有着这样太太的男人，是最值得试用的。这种信徒式的太太不会让自己的丈夫承认失败。如果他遭遇挫折，她便会适时地鼓舞丈夫，清除掉他身上失败的阴影，然后再激励他重回到激烈的竞争中去。

伟大的俄罗斯音乐家谢尔盖·洛柯曼尼诺夫，25 岁的时候就已是个成功的作曲家。一次，由于过分自负，他写了一首很不成功的交响曲，结果，他觉得十分泄气，陷入了一段郁郁寡欢的日子。

最后，朋友带他去看一位名叫尼可拉斯·达尔的心理专家。达尔医师一次又一次地反复向他灌输这个想法："你的身上潜藏着伟大的东西，等待着你向全世界展示出来。"

渐渐地，这个想法在洛柯曼尼诺夫心里生了根，终于唤起了他对自己的信心。在第二年年末到来之前，已经完成了他那首伟大的 C 小调第二号协奏曲，并且把这首曲子献给达尔医师。当这首曲子首次公演的时候，听众们都喜爱得发狂。于是，洛柯曼尼诺夫又一次成功了。

《圣经》上曾这样说："信心是大家都希望得到的东西，是我们所看不到的东西的佐证。"

妻子们会有一种独特的视觉，能在她们丈夫身上看到别人看不出来的潜能。因为她们不仅是在用眼睛去看，也是在用内心的爱去看，这是他人所无法做到的。

在正常情况下，夫妻要共同生活一辈子，在这漫长的人生道路上，哪能总是风和日丽、一帆风顺呢？总难免有磕磕碰碰、艰难曲折。在这种情况下，人对人的安慰和鼓励、支持和帮助就十分重要了。夫妻之间心心相印，患难与共，能敏感地觉察到对方的情况变化，能深刻地了解对方的心理特征，说的话最亲切，对对方的情绪能起到很大的稳定作用，这就是“主心骨”。当然，无论有怎样的信任，如果没有用语言表达出来，也是毫无作用的。所以，妻子一定要在适当的时候用语言和行动表达出对丈夫的信心，比如，适时给丈夫以温柔地宽慰、坚定地鼓励和热情地赞美等等。

给足男人面子

在婚姻中，给丈夫面子，不是让女人委曲求全，而是要给丈夫体面的自尊，这样既有助于家庭和睦，同时女人也会得到丈夫更多的关心和体贴。

很多女人都会感慨，结婚以前和结婚以后生活就会发生很大的变化，心理上也会跟着发生调整。比如，结婚以前，因为担心自己的未来，总是格外地挑剔自己的另一半。可是结婚以后，就开始专心经营自己的这份感情，慢慢地变得宽容和温柔了。其实，这样做是对的。女人就应该在婚前睁两只眼，婚后闭一只眼，对丈夫宽容，给予他足够的心理空间，这样的婚姻才能幸福。

在婚姻中，给丈夫面子，不是让女人委曲求全，而是要给丈夫体面的自尊，这样既有助于家庭和睦，同时女人也会得到丈夫更多的关心和体贴。

男人在外打拼，劳累、委屈他都可以不在乎，但他不能失去男人的尊严。许多女孩在谈恋爱时，男朋友可能会用玩笑般的口气告诉她们，在人后我听你的，在人前你可得给我留点面子。确实，男人就是这样好面子的“动物”。所以，女人们只要不违背原则，暂时委屈一下，给男人一点面子又何妨呢？常言说：“量大福大。”大度的女人也更令男人加倍地尊重她。

但是，在现实生活中，有些妻子并不了解男人的这种心理，有时候，自觉不自觉地把在家里的威风也带到家外，当众显示自已对丈夫的管束，自以为很舒服。这样做便会出现两种结果：一是，如果丈夫当众听命于夫人，丈夫就会感到很狼狈，威信扫地，使他成为交际场合中被人戏弄的对象，这自然有损于他的交际形象。二是，如果丈夫不满她的指使，做出反抗的表示，又难免产生矛盾，甚至成为家庭矛盾的导火索。总之，不管哪一种情况，结果都是不好的。产生上述后果都与妻子在公众场合下不注意给丈夫留面子有关。

聪明的女人是绝不会这样做的。聪明的女人懂得在什么场合、在什么时候应该给丈夫一点面子，把握这种分寸也是有技巧的。

多练心

记住，不是操心是练心，如果你想给足男人面子，要多多练心。你的修养，你的谈吐，你的风韵，你的容颜，你的智慧，你的笑容，都是帮衬男人面子的重要组成部分。要不然只有玉树临风，没有佳人相伴，那面子最外层的金边该怎么贴呢？

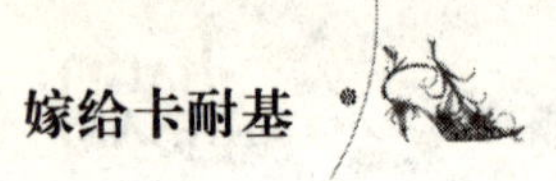

待他不妨谦和些

对于男人，不要以为你告诉了他，他就会按照你的要求去做，当我们希望得到既定的结果时，一定要为对方的接受程度考虑。比如他在刷过牙后总忘记把牙膏盖盖上，你就多说几句“请记得盖上”，而不要向他频频甩出“不要、不准”之类的话语，只有这样，他才会欣然接受，而不会恼羞成怒，破罐子破摔。

内外有别

不管你在家里把老公当做电饭煲还是当做吸尘器，一旦涉及他的面子时，一定要小心谨慎，就像手捧一件古老、珍贵的瓷器。给他足够的面子，才能获得“高额回报”。

(1) 在家里待客时，妻子要注意约束自己的言行，避免使用命令的口吻对丈夫说话，或做有损于丈夫威信的事情。也就是说，要坚持内外有别的原则，不能把夫妻两个人关系的特殊现象拿到他人的面前来，以避免损害丈夫的自尊心。

(2) 在社交场合，妻子更要注意自己的身份，不宜喧宾夺主，要把握自己的言行，甘当绿叶，要让丈夫更体面、更洒脱一些，防止把在家里习惯性的做法拿到场面上来让丈夫出丑。

(3) 与别人说话时，妻子不要揭自己丈夫的短，把他搞得狼狈不堪。妻子给丈夫一点面子，不论对于丈夫的交际形象和他的工作，还是对于家庭的和睦，都是有益的。

非紧要关头不妨装傻

我有一位朋友和丈夫结婚已有 8 年，夫妻感情依然情意浓浓。她的秘诀是：给老公最大的面子。在她卧室的墙上有一个字条，上面是她制订的“家规”：第一条：历史证明老公永远正确，一切事情都由他做主；

第二条：万一他不对，仍参照第一条执行。后来，老公在感动之余又添了一条：夫人享有总裁决权。

不妨陪他一起流泪

其实男人很累，睁开眼便是各种责任和义务，他们不敢承认自己也有非常脆弱、需要关怀的时候。在他志得意满时，请给予他足够的欣赏；当他遭遇了不公和挫折时，不妨陪他一起流泪，然后尽快忘却，旧事不提。

婚姻生活中，身为女人的你给丈夫一点面子，给他一份尊重，你就为自己赢得了整个世界。这样划算又浪漫的交易，你何乐而不为呢?

做他最忠实的倾听者

《福星》杂志曾刊出了一篇对公司员工的妻子所做的调查报告。他们引述一位心理学家的话说，“一个男人的妻子所能做的一件最重要的事情，就是让她的先生把他在办公室里无法发泄的苦恼都说给她听。”

倾听是一种微妙的沟通。沟通是双向的，单行道永远也不能算是沟通。婚姻中，当一个人在讲自己的意见或建议时，必然会有一个是听的。然而，让人遗憾的是，会听别人讲话的夫妻实在不是很多，更多的夫妻在实际生活中，都是在抢着说话，好像少说一句便吃了大亏，专心听别人讲的人必定是理屈词穷。

能够尽到这个职责的妻子，被赋予了“安定剂”“防哭墙”“共鸣器”和“加油站”等等称号。这个调查报告同时也指出，男人需要的是主动、机敏地倾听，他们通常都不想听什么劝告。

任何一个曾经在外面工作过的女人都可以了解到，如果家里有个人可以谈谈这一天所发生的事情，不管是好是坏，都是很令人欣慰的。因为，在办公室里，常常没有机会对所发生的事情表示意见。如果事情进展得特别顺利，我们也不能在那儿开怀高歌；而如果碰到了困难，最好的同事也不愿意听那些麻烦事，他们自己已经有够多的烦恼了。于是，当辛苦地工作了一天回到家里时，人们往往会有一种一吐为快的迫切心情。

最常发生的事情往往是这样的：

丈夫回到家，上气不接下气地说道：“老天！亲爱的，今天真是个值得庆祝的日子！我被叫进董事会里，汇报有关我所做的那份区域报告。他们还想听我的，而且……”

“真的吗？”妻子心不在焉地说着，一点也不用心的样子，“那真好，亲爱的，快来！吃点我刚做的酱牛肉吧！对了，我有没有告诉你，早上来修理火炉的那个人说有些地方应该换新的了。你吃过饭后去看一下好吗？”

“当然好，宝贝。噢，就像我刚才说的，董事会听取了我的建议。说真的，起初我真有一点紧张，但是我终于发觉我引起他们的注意了……”

妻子插话道：“我常认为他们不了解你、不重视你。哎，对了，你必须和儿子聊一聊他的学习问题，这学期他的成绩实在糟糕透顶，他的班主任说如果儿子肯用功的话，一定可以念得更好的。对他的学习问题，我现在真的无计可施了。”

到了这时候，丈夫才发觉他在这场争夺发言权的战争中已经彻底失败了。于是他只好无奈地把他的得意和酱牛肉一起吞到肚子里，然后解决有关火炉和儿子教育的问题。

难道他的妻子真的如此自私，只在乎自己的问题吗？当然不是，其实，她和丈夫一样，都想找个听众倾诉一番，只不过，也许她把自己倾诉的时间搞错了。其实，她只要耐心地听完丈夫在董事会上所出的风头，让他把自己的情绪发泄完了以后，就会很乐意地听她大谈家庭琐事了。

善于倾听的女人，能够给自己的丈夫以最大的安慰。所以要实现夫妻间心平气和、有效地沟通，就一定要注意倾听。没有专心倾听对方说话，是导致婚姻陷入困境的一个重要原因。经常听女人这样抱怨："他从来不听我说话"或是"他不了解我心里的感受"。没有专心倾听伴侣说话是问题婚姻的一个迹象，专心倾听对方说话是健康婚姻中的一个特征。当别人对你说："请接着说。"而且是真的专心听我们说话，我们会觉得自己被看重、被了解、被接纳。积极的倾听可以改善夫妻关系。

其实，聆听别人说话并不只是默不作声或是滔滔不绝地回应！做一个出色的聆听者，并不是一件简单的事，必须注意聆听的"积极性"，听人说话也要讲究"品质"。

(1) 注意力集中是聆听别人谈话时首先要注意的。此时，最忌讳眼神的飘忽不定，当然，也不必紧张得手心出汗，拘谨得不知所措。千万不要让心思任意漂游，天马行空地胡思乱想。倾听时表情要自然、放松，并随着听到的内容发生变化。没有什么比一个面无表情的聆听者更让说话的人感到扫兴的了。

(2) 出色的聆听者意味着心神集中和积极地配合。如果你想要赢得一个男人的心或者对他施加影响时，千万不要在他需要一个聪慧、机灵的聆听者时拿出装傻、扮天真的本领表现出十分欣赏、崇拜他的那一套把戏。

(3) 在聆听时可以把握发问时机，偶尔提出不同的看法。如果你个人非常赞同他的说法，可适时地在他谈话停顿的时候提出来，但不要滔滔不绝，要注意让他掌握谈话的主导权。这样，就不至于造成单调的独白，双方的思想也能得到很好的沟通。

学会正确聆听别人的讲话，不仅能让你与男人相处得更融洽，也能让你和其他人相处得更好。

亲爱的，让我们来换位思考

沟通大师吉拉德说："当你认为别人的感受和你自己的一样重要时，才会出现融洽的气氛。"我们需要多从他人的角度考虑问题，如果对方觉得自己受到重视和赞赏，就会报以合作的态度。如果我们只强调自己的感受，别人就会和你对抗。换个角度替对方多思考一下，关系立刻就会变得缓和。

心理学家认为，现代人要想在社会中获得成功，首先必须具备不服输的品性，但在婚姻生活中恰恰是相反的。美满的婚姻往往存在于那些懂得和擅长把握"输"的技巧的人手中。夫妻双方在兴趣爱好、教育子女、亲友关系、投资理财等方面均会有不同的观念，因此产生一些分歧和摩擦是很正常的。这时候，问题的关键并不在于具体的事件，而在于计较到底谁在家里占主导地位，也就是自己被尊重关爱的程度。在许多人眼中，放弃控制权或是在争论中主动妥协是一种软弱和无能的表现。实际上，家庭争论中的赢家不一定是胜利者，主动的暂时的认输最终得到的会更多。而解决这一问题的关键就是要学会换位思考。

我们从婚姻中最想得到的是什么？如果是爱与被爱、关心与被关心，那就必须互相谦让，互相尊重。婚姻就像一座两人共同建立的花园，只有一起种植、培土、灌溉，才能培育出美丽的花朵。没有爱的付出与牺牲，只想获得永久的回报，是不可能的。在夫妻争执中，你的认输，表明你对对方的深情，对家庭的呵护，事后你的伴侣会理解和醒悟的。夫妻间的差异无可避免，但是如果能够站在丈夫的立场上考虑，充分尊重彼此之间的差异，学会替丈夫考虑，这样就会取得事半功倍的效果。这就是换位思考法的基本立场。

理解丈夫，并能够从丈夫的立场设身处地地去为丈夫着想，重视不同个体之间的差异，以及不同人眼中看到的世界的差异，这样做的人才能避免由于偏颇而造成的失败。下面的故事对我们应该有所启发。

莱曼兄弟公司是 1850 年由莱曼三兄弟：亨利·莱曼、伊曼纽尔·莱曼、迈耶·莱曼创办的。这三兄弟来自德国，后到美洲大陆寻找发展机会，经过他们的苦心经营，该公司共拥有资本约 25 亿美元，是华尔街历史上最大的投资银行之一。

但由于兄弟三人彼此难以容忍对方的缺陷，最终导致公司破产。亨利·莱曼是个事业型的领导者，凡事从大处着眼，公司很多计划都是他制订出来的；伊曼纽尔·莱曼则是精细的后勤人员，善于组织内务，精于算计；而迈耶·莱曼则脱离了他两个兄弟的方向，他的目标是创办自己的企业。迈耶·莱曼根本不顾及他的两个兄弟，一味地为自己将来的大企业着想，而另外两人则置迈耶·莱曼于不顾，只顾整个公司的继续发展，这样，矛盾产生了。后来，迈耶·莱曼再也无法忍受集体（公司）的束缚，离他们而去，整个公司随之也分崩离析了。

莱曼兄弟公司解体的故事说明了这样一个道理，所有的成功都是齐心协力创造出来的，如果失去了这种协作，那么，很难找到成功的道路。

兄弟之间如此，那夫妻间怎样相处呢？最重要的一条就是站在丈夫的角度去思考。

事实上，夫妻间的许多争吵有时并不是什么大事情，千万不要动辄恶言伤人，不负责任地提出离婚，或者打孩子出气，或者损坏东西。我们必须记住：如果你想保持美满的婚姻，你想获得配偶的真切关爱，首先你该明白，夫妻之间不存在输赢，若要想赢得对方的爱与尊重，你必须懂得输。

沟通大师吉拉德说：“当你认为别人的感受和你自己的一样重要时，才会出现融洽的气氛。”我们需要多从他人的角度考虑问题，如果对方觉得自己受到重视和赞赏，就会报以合作的态度。如果我们只强调自己的感受，别人就会和你对抗。

换个角度替对方多思考一下，关系立刻就会变得缓和。生活中，请让我们相信，每一个恶人也都有他值得同情和原谅的地方。一个人的过错，常常不是他一个人所造成的，对这些人多一些体谅吧，从对方的角度出发，你的宽容就可以温暖一颗失落的心，他们也会把温暖传递给他人。

已婚男人都有的恐惧心理

人们总喜欢把与“软”“弱”有关的名词用来形容女人，男人则似乎与之毫无关联。其实不然，虽然男人外表总是给人一种刚毅、坚强的印象，但实际上这种“男子汉”的外壳下常常藏着一颗脆弱的心。

在结婚之前，男人“家”的意识很淡薄，他们在考虑问题的时候，总是以自己为核心，他们可能通宵上网，可能毫无节制地和哥们儿吃喝玩乐。可一旦结婚，他们大多数会有一个质的转变，他们会突然意识到自己需要承担责任，这种责任不仅包括对自己的妻子、儿女，甚至包括对过去一直忽略的父母。正由于此，过去很多家长为了“拴”住那些所谓的“浪子”，总是逼他们早早结婚。

然而，正是这种“家”的责任感，给他们带来了巨大的压力，进而使其产生极大的心理恐惧。对于一般男人来说，在所有恐惧中，对失去工作的恐惧是最严重的。

作为妻子的你，也许不能完全明白，丈夫对工作所持有的恐惧感。每天他回到家中，总是一副坚强又无畏的样子，似乎他永远都知道，自己要如何走前面的路。可不幸的是，这只是表面现象，在他的内心深处，承受着巨大的压力。对于男人来说，他的工作代表了他的价值，若失去工作，就等同于失去价值。

如果你问一个单身男人：“如果你失去工作，你做什么呢?”他可能不假思索地回答：“再找另外的事情。”可是，对于已婚男人来说，这个问题就不这么简单了。

对于已婚男人来说，工作不愉快或害怕失去工作，都会影响其身体及情绪上的健康，如产生溃疡、高血压、结肠炎、性无能，或是情绪崩溃。因此，虽然男人不满意工作或担心失去它，但失去了工作，才真是要他的命了。

男人一旦失去了工作，他也同时失去了工资及福利——医疗、退休金、有薪假期、病假、公司补贴等，他也因此失去在公司报销花费的机会。不仅如此，他还有一个比丧失工资或福利更严重的损失——丧失自我。他认为自己好像突然变成“零”，与人交往成为一件难堪的事情，因为大多数人谈话中心都围绕着“你做什么事”，似乎把你做什么工作看成是“你是谁”的身份证明。男人因此回避和退缩，最后陷入害怕和孤立的幽暗之处。

今天的男性被愈来愈多的问题所困扰，除了要应付日益加剧的竞争之外，还要处理许多意想不到的麻烦。著名的成功学大师柯维在他的著作中就列举过许多这样的男性。他们虽然在事业上获得了成功，但内心是匮乏的，没有过上真正幸福的生活。其中的一位这样说：“我曾定下许多目标，也都一一达成。我的事业十分成功，但牺牲了个人与家庭。不但与妻儿形同陌路，甚至不知道还认不认识自己？我究竟在追求什么？”另一位也如此说道：“看到别人有所成就，或获得某种肯定，表面上我会堆出一张笑脸，热忱地恭贺他们。可是，心里却难过得不得了。为什么会有这种感觉？”还有一位男性也说：“我的婚姻已变得平淡无趣。我们并没有恶言相向，甚至大打出手，只是不再有爱的感觉。我们请教过婚姻顾问，也试过许多办法，可是就是无法重新燃起往日的爱情火花。”

像上述被难题困扰的男性在生活中是极为普遍的。男子生来争强好胜，要做顶天立地之人，社会和传统也限定了他们将扮演这样的角色，然而，天性的脆弱，不为人知的个性局限都为男人在腾达之路上设置了种种障碍。其中不乏为烦恼困扰的成功男士，而那些正在奋斗中的男性，其挣扎的疲劳和身心的苦恼就更为突出了。因此，今天的男性盼望有一剂良药，能让他们生活得更轻松，更智慧，更美好。而这剂药医生是开不出来的，只有妻子才能配出良方。

如果你问一个男人：“这年头做男人是什么滋味？你觉得男子气概受到尊敬和推崇了吗？”那些沉吟再三，考虑要不要把内心真感受对你吐露的人，往往会告诉你，他们常有代人受过、被贬抑和攻击的感觉。但他们的反应很可能相当含糊，很多男人觉得像夜间在竹林里跟一个看不见的敌人作战，从黑暗中传来充满敌意的挑剔之声：“男人侵略性太强，太软弱，太迟钝，太大男人主义，太热衷权力，太像小男孩，太没出息，太暴力，太好色，太冷漠，太忙碌，太理智，太没有领导能力，太死气沉沉。”但男人究竟该是什么样子，却从没有说清楚。

在社会生活中挣扎的男性将会有更多的麻烦和面临更棘手的问题，所以一个聪明而又善解人意的妻子应该体恤丈夫的脆弱，他的确是你依赖的对象，但一个无论多么坚强的男人都有软弱无助的时候，有时候，妻子柔软温暖的怀抱就是他们避风的港湾。如果你的丈夫心情不好，他可能是面临工作的压力，你最好找到合适的方法帮他分担一些；如果你的丈夫面临失业，你更应该鼓励他，让他重新振作，否则一旦他由于巨大的心理压力彻底崩溃，可能整个家就毁了。

男人都有冒险的天性

上帝的确偏爱那些勇于冒险的心灵！如果我们希望自己的丈夫能在他们所热爱的事业上获得成功，我们就应该鼓励他们大胆地去尝试每一个可能的机会，同时自己也做好承担风险和克服困难与挫折的准备。

我的祖父劳勃特森从小在堪萨斯州的农庄长大。他心中有一个梦想：他一直渴望着能移居到印第安·泰里特利去，以便自己在这个边界殖民区里能够做出一番事业来。当他的妻子哈丽特了解了他的这个想法后，她没说一句反对的话就将他们的行李整理好，放进一辆敞篷马车里，然后便带着孩子们往未知的前途快乐地出发了。后来他们在锡马龙的河岸边定居下来，这个地方，就在现在的俄克拉荷马州东北。在那儿我的祖父首先建造了一座木屋，然后用篱笆围起一片自己开垦的土地。不久后，他又借了点钱在这个小村开了一家小店，那个地方就是现在的俄克拉荷马州的杜尔沙市。

当时，我的祖母哈丽特的日子过得十分艰苦，她要照顾九个小孩，自己身体也不太好，而且生活条件十分恶劣，但她从不抱怨。她会小心地用旧报纸来贴补那间最早盖起来的木屋。那里没有医生，教会学校供小孩子念书用的教室也只是一间教会学校的小木屋。艰辛的日子、债务、严寒的冬天和酷热的夏天，这就是他们生活的全部写照了。但在当时，以边疆的生活水准来说，劳勃特森后来算是取得成功了。他的妻子哈丽特活着时终于看到她的丈夫变成了一个成功的、受人敬重的居民，她的儿女们也都有了幸福的归宿，而印第安·泰里特利后来也成为联邦政府的一个州。

可以这么说，联邦政府这些州的发展，都离不开像我祖父这样的男人勇于开拓新天地以扩展疆界，更重要的是，有了他们那些勇敢的妻子，就像哈丽特，她们敢于去尝试新机会。当她们朝西部进发的时候，难道她们不留恋自己温暖舒适的家？难道她们从不后悔离开了朋友、双亲、财富以及一向安逸舒心的生活？如果她们从没有后悔的念头，她们就是太没有人性了。

这些女人信仰上帝、相信丈夫，而且相信她们自己的双手和努力，即使她们面临着危险、困苦、疾病和死亡。但是，拓荒的女人们仍然愿意坚定地跟随自己的丈夫来到这片荒凉地区，并写下了美国历史上光辉的一页。他们留给自己的儿女一笔巨大的遗产，包括土地、城市、辽阔的大地，以及一种不屈不挠的勇气和无法动摇的信念。

那些盼望丈夫成功的妻子，也必须发扬前辈拓荒的刻苦精神！妻子必须心甘情愿地放手让自己的丈夫去做他最喜爱的事情，纵然他的做法有点冒险。不管遇到任何困难和挫折，她也应该深信丈夫的勇气，而且不遗余力地支持他。那些能够不顾一切地努力实现进取心和创造心的人，整个世界都会为他让路的！

然而，生活中就是有些做妻子的人，为了保住安稳的生活，宁愿让她的丈夫维持着自己并不喜欢的工作。我就认识这样一个男人，只因为他的太太宁愿牺牲任何代价，来保住眼前安定的生活，使得他在自己所不喜欢的职位上干了一辈子。刚开始的时候，这个人是个记账员，后来他赚够了钱，于是，他盘算要注册一个自己的汽车修理厂，可这时候他结了婚。他的太太认为在他们还没有买下房子之前，他最好不要辞去这个工作。等他们买了房子并生下第一个孩子后，这位男士的妻子说服丈夫让他觉得：重新开创自己的事业，会是一件多么辛苦的傻事！于是，日子就这样一天天滑过去了。等到他的薪水已足够家庭开销，而且还有保险金可以保证孩子的教育费用，这时，他总该可以顺遂自己的心愿，可以无所顾忌地从事自己的事业了吧？可他太太的看法是：这时候还有必要开创自己的事业吗？太可笑了！万一失败了怎么办呢？无疑，他会失去在公司里的年资、公司的退休金、疾病津贴，以及一份中等而固定的薪水的！于是，这位男士就再次放弃了重新创业的冲动，因为他的妻子不愿意给他尝试的机会。

现在，他已经成为一个对生活感到厌倦的庸庸碌碌的中年人，还患有胃溃疡，平时他只会把空闲的时间用来修补自己的汽车。一张写满失意的脸让人看不到有任何值得回想的东西。生命就这样逝去了！他生命中的绝大部分时间都用来压抑他对工作的不满。由于妻子不愿给他尝试冒险的机会，他对自己的工作从没有产生真正的兴趣，没有热情，更没有什么野心。

如果他放弃了自己不感兴趣的工作，努力尝试去做自己愿意选择的工作，最后却失败了，事情又会怎么样呢？天不会塌下来！而生活照样也会过下去！但至少，他会由于做过尝试而感到满足！而如果他能从中领悟到失败的原因，下一次他就真的会迈向成功了。

使人感到欣慰的是，上面这种类型的妻子毕竟只是少数而已。我曾经在一位叫查尔斯·雷诺兹的人手下做过事，当时他是俄克拉荷马州一家大石油公司的财务经理。这个年轻人热情、活泼、能干，十分讨人喜爱，看来，他在公司的发展一定可以一帆风顺。他有太太、三个小孩以及令人羡慕的光明前途！

空闲的时间里，查尔斯·雷诺兹喜爱绘画。他的许多风景油画，都挂在办公室的墙上，有时候，他也把画卖给公司外面的人。

虽然雷诺兹先生喜欢自己的工作，但是，他更渴望能拥有更多时间来绘画。新墨西哥州的陶欧斯城是艺术家的乐园，他一直向往着能放弃手下的工作，以永久移居到那里去。当他和太太露丝商量这件事的时候，没想到太太竟高兴地说："太好了！我们可以将这里的每一件东西卖掉，到陶欧斯去开一家商店，用于专门出售绘画用品，比如画框什么的，我来照顾店面，你也可以放心地画画了。我想我们一定会成功的。"

由于太太热心的支持，查尔斯·雷诺兹就下决心辞掉工作，带着全家搬迁到陶欧斯城，从此专心作画了。他们全家人都有开创新事业的精神，年轻的小查尔斯放学后也到店里帮忙干些杂活。有心人，天不负。查尔斯画得非常好，后来，他终于成为美国西南部最成功的画家之一。他的作品曾参加过全国展览；他也曾在许多画廊举办过个人画展。现在，他已是陶欧斯城画家协会的会长了！在新墨西哥州陶欧斯城闻名的济特·卡森街上，他还建造了自己的画廊和画室。要知道，这一切，都是因为他和妻子有勇气去尝试新机会的结果。

由于这种冒险的成功率非常高，所以他们的成功并不值得惊讶。如同范狄格里夫特将军在战前经常对军队所说的："上帝对那些勇敢和坚强的人总是偏爱一些！"

当然，最适合于某个人的工作，或能够使他感到快乐的工作，并不一定就能使他变得富有或过上好日子！但除非一个人的工作能够带给他内心的满足，否则他就算不上是获得了真正的成功。当妻子的应该从精神上给丈夫支持、给丈夫机会，让他去发挥自己的才能，让他自由自在地去做他所喜爱的工作。

许多伟大的成就，可能都是因为有那些不自私的妻子愿意支持丈夫去尝试新的机会，愿意为此放弃眼前的物质享受而实现的。也许，正因为她们的支持，许多男人才能够从事适合于他们个性和志向的工作。

男人都有冒险的天性，作为女人要相信丈夫，放手让自己的丈夫去做他喜欢的任何事情，哪怕他的做法非常冒险。即便遭到挫折，也应该深信丈夫，而且不遗余力地支持他，这样丈夫一定会成功，或者，至少可以让丈夫感到快乐。

让丈夫感觉家是最好的地方

……丈夫和小孩当然也有责任，但是，决定性的影响就要看你创造出来的环境，你所培养出来的气氛，以及最重要的——你所呈现出来的榜样。

“家庭对你的丈夫和小孩具有什么意义，这就要看你的表现了。”克里福特·R. 亚当斯博士在《妇女家庭》杂志的专栏“如何创造婚姻幸福”里写道：“……丈夫和小孩当然也有责任，但是，决定性的影响就要看你创造出来的环境，你所培养出来的气氛，以及最重要的——你所呈现出来的榜样。”

轻松和谐的家庭氛围

作为一个男人，不管他的工作性质如何，也不管这项工作对他来讲具有多大的诱惑力，或者使他多么着迷，总会给他带来某种程度的紧张感！在他回家以后，如果有个舒适、清静和井然有序的环境，使这些紧张与疲惫得以消除，他的心理、身体和情感就能得到平衡，他就有更加充沛的精力和体力迎接更加繁忙的第二天。

每个女人都想做个好的家庭主妇，但是有时候男人在家里得不到休息和放松，因为他的太太是个要求太高的家庭主妇。她的孩子不可以把朋友带回家——小孩子们可能会弄脏她一尘不染的地板；她的丈夫不可以在家里抽烟——可能会使窗帘沾上烟味；如果她的丈夫看完一本书或报纸，就必须准确地放回原处。

有人说过，制造一个愉快、安详的气氛，让男人在家感到舒适，是使他留在家里并留住男人心的最好方法。作为妻子，你应当相信这一提示和忠告。

保持家庭环境的整洁舒适

对大部分的男人来说，他们宁愿住在一间收拾整洁的帐篷里，也不愿住在凌乱不堪的漂亮豪宅里！那些吃饭没有一定的规律，或是到了吃饭的时间，上顿饭用过的碗还泡在水槽里没洗，卫生间散发着一股股异味，卧室里一片狼藉等等，这些现象以及其他家事概不收拾的情形，足可以使男人宁愿跑到球场、酒吧甚至妓院去。对男人来说，除了自己的散漫凌乱可以忍受外，似乎没有办法忍受其他任何人的不整洁。

戴尔就是这样一个人，他曾对我说，在认识我之前，他曾打算向一个漂亮、迷人的女孩求婚，但后来他打消了这个念头，只因为有一天他到她的住处去找她时，发觉她房间里凌乱不堪的情形，就像敌军刚来洗劫过似的。

因此，要避免家里长期的不整洁。任何一个有修养的丈夫，对于偶然发生的过失也都是能够体谅的。在繁忙的日子，他也会愉快地吃着剩菜，当我们碰到一些不寻常的问题必须应付的时候，他也会帮忙或是替我们解决，只要这种事情不是时常发生就好。

好女人是丈夫的“复苏丹”

幸福的家庭是避风的港湾，好女人则是港湾的优秀管理者；破裂的家庭是漏雨的天窗，差女人则是天窗的打开者。

好女人有着无穷的力量。好女人如“复苏丹”，男人心散时，好女人往往会让男人在这味良药的苦味中，慢慢地咂出一丝淡淡的甜味和幸福的回忆；好女人如“强心针”，男人气馁时，好女人敢于一针见血地指出男人失败的症结，激发出男人重新振作起来的勇气；好女人如“维生素”，男人倦怠时，能使男人迅速消除疲劳，产生出新的拼搏力量。而在男人老毛病一犯再犯时，好女人还会在不伤害男人自尊心的前提下，循序渐进地加大药量，逐步治愈男人的病痛；好女人如“稳心丸”，男人成功时，轻轻地告诫男人“山外有山”，一切从零开始，方可立于不败之地；好女人如“感冒片”，男人发牢骚时，不声不响地溶入水中，待男人降温后再慢慢开导，而不是“火上浇油”。

那么，差女人呢？差女人如“杜冷丁”，男人遭受挫折时，差女人不帮男人挖掘病源，更不想使男人“复活”，而是责怪男人无能，不断给男人打“绝命针”；差女人如“皮试剂”，男人外出回归时，不是问寒问暖，而是不断给男人做“皮试”，去了何处？为了何事？与何人打交道？疑心重重，唠叨不休；差女人如“迷魂汤”，男人施行决策时，便吹起了枕边风，这个不行，那个不好，常弄得男人犹豫不决，无所适从。

走进婚姻围城的女性，你是一个好女人还是一个差女人呢？

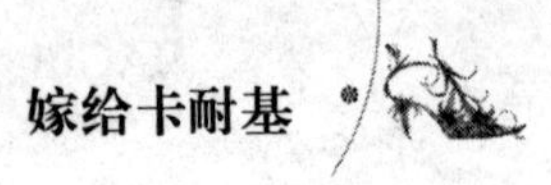

常常听到的抱怨是："我把心都掏出来给他了，他怎么能这样对我?"怎样爱一个好男人？其实女人爱男人，看重的往往是男人对她好不好，而男人爱女人，看重的却常常是这个女人够不够体贴。那么，如何做一个善解人意的好女人呢?

不要轻易抱怨

再没有比一个唠唠叨叨、成天抱怨的女人更让人退避三舍了。但不抱怨也不行，任劳任怨的女人最惨了。当男人被服侍惯了的时候，一切都变得理所当然，你偶尔一两次没做好，他反而要心生不满。

多说好话多鼓励

说话实在是一门艺术。说得好可以救人，说得坏则可杀人。许多女人都以为结了婚，一家人了，当然就可以畅所欲言，想说什么就说什么。逞口舌之快的后果却是丈夫早已同床异梦了，你还压根儿不知错在哪里。

很久以前一个教授太太说过一句很发人深省的话。她说："你每说一句话，每发一个声，都会被记录下来，即便你旁边没有人，山会记下来，水会记下来，凳子桌子也会记下来。千万不要以为你说的话没有用，不会产生什么影响。"所以，好话要多多益善，坏话能不讲就不讲。很多婚姻关系的破裂都是因为讲话太随便所致。

对他的健康负起责任

不管当妻子是否喜欢，都有责任关注丈夫的身体状况。因为我们生活的主要意义，就是要尽量地享受人生，而做到这一点，必须拥有一个健康的身体。“我的身体由你负责”，这是每个已婚男性的主题曲。

丈夫的腰围粗细，妻子负有不可推卸的责任。妻子饭菜做得好坏往往和丈夫的腰围成正比，因为一个男性所吃的食物就是他妻子制作的。当妻子端出那些精心烹制的点心，丈夫怎么可能开口说“不”呢？

当男性的年纪愈来愈大，身体的运动量反而会减少，所需的食物分量也应该相应减少。但是恰恰相反，他们吃得更多了。妻子的职责在于，提前帮助丈夫养成良好的饮食习惯——尽量食用热量低、能量高的食物。若是你不知道这个答案，就去向医生请教。他非常乐意告诉你，如何安排饮食才能使丈夫的精神更好，体重却能下降。

面粉协会的营养专家弗吉尼亚·怀特海德博士认为，最有效的减肥方法就是少吃油脂太多的食物，根据体力的需求，平均分配一日三餐，食用相同数量的东西。而且，我们的每一餐都要包括植物蛋白质和动物蛋白质的食物。

注意照顾你的丈夫，不要闹钟一响就匆匆忙忙地爬起；不要夹着公文包，一边下楼一边吃早餐；在家吃早点时，也不要担心时间不够。但是，大多数家庭都会出现这种可悲的情况——早晨的百米冲刺。基于此类现状，洛波特·沙利格博士——巴尔的摩神经精神学院的神经科主任提出严重警告："对于生活在都市的男性们来说，普遍呈现出的场面是：为了赶上七点五十分的专车，早餐还没咽下就冲出门；然后一直工作到中午，随随便便在快餐店吃十五分钟的盒饭，甚至一边开会一边吃快餐。"她建议：妻子应该早一点起床，让你丈夫不慌不忙地吃一顿营养早餐。

有位女士听从了这个建议，将它一丝不苟地付诸行动。最后的结果让她非常满意。她的丈夫工作非常忙，常常将资料带回家处理。但是他发现自己太疲倦了，没有精力在晚上把所有工作处理完毕。每当出现这种情况，布里森太太就建议，晚上早一点睡觉，第二天提前一个小时起床。夫妻俩都觉得这种安排很合理，因此他们每天都这么做，即使丈夫没有公务需要处理。

这位女士说："每天早上的一个小时是我们享受的时间。首先，我们会不慌不忙地吃一顿丰盛的早餐，然后克拉克去工作，如果他有工作的话。早上的时间，既没有电话，也没有人按门铃，没有任何声音来打扰。没有工作时，他会看书、画画或做家务来放松心情。有时候，我们会一起到花园里享受清新空气。由于每天早晨都享受安静舒适的生活，因此我们都觉得，不管发生什么事情，都能够圆满解决。不过晚睡的人最好不要尝试这个方法，我们每天都睡得很早。"

如果你也属于匆匆忙忙的上班一族，不妨试试这个办法，也许这个"一小时计划"会对你大有好处，不再觉得工作每天开始得那么紧张。如果你遵守以下原则，你的丈夫就会更健康长寿。首先，向保险公司要一张体重和寿命的参考表，这种东西任何一家保险公司都会提供。看看你丈夫的体重是否超过了10%。如果他已经超重了，请医生立刻开一张饮食表。要记住，丈夫的体重和自己的体重一样重要，都需要小心谨慎地保持。但是，不要让他胡乱减肥，或者随便服用广告中的减肥药品。不管采用何种减肥方法，一定要在医生的指导下进行操作。为了配合医生的减肥处方，尽量将丈夫吃的食物做得精美可口，色香味俱全。不要总是无可奈何地说，"为了你的身体，将就一点吧！"

第三章 ♥ 优雅主妇的魅力特质

永远保持女性的魅力

每个女人都希望自己青春永驻，但我们最终都会老去。但所幸，女人即使没有了青春，还有精神，还有女人味。女人味是一种恒久的魅力，与年龄无关，与身份无关，永远散发着引人入胜的魅力。

生活中有许多女人，一结了婚便万事皆休，只知道工作和家务，连最起码的打扮也不在意了。任皮肤发黄，任头发乱成一团，任服装永远过时，任大腹便便，甚至任嗓音粗哑，任举止粗俗，任精神荒芜……这种心灵上的“皱纹”比脸上的皱纹更让人痛心，就好像随着青春的逝去，性别也随之抹去了。

青春无法把握，失去了无须惭愧，但女人味是一种精神，把它丢失了就是一个女人最大的悲哀！青春少女是一首浪漫的诗歌，节奏明快，旋律优美，恰似春光明媚；中年女性则应该是一篇抒情散文，情愫悠悠，蕴涵深邃，令人眷恋。所以，女士们，请一定要珍惜自己，让女人味伴随自己一生。

所谓女人味，指的是一种人格、一种文化修养、一种品位、一种美好情趣的外在表现，当然更是一种内在的品质。简而言之，女人味就是女人的神韵和风采，是真正的女性美，使得女性的形象更美丽，女性的人生更精彩。女人味堪称是对女人最到位的赞美。

那么，到底什么才是女人味呢？无论女人到了哪个年龄段，以下这几个特征都是一个有女人味的魅力女人所共有的。

拥有智慧

外表漂亮的女人不一定有味，智慧的女人却一定很美。因为她懂得“万绿丛中一点红，动人春色不需多”的规则，具有以少胜多的智慧；容颜可以老去，但智慧不会褪色，一个充满智慧的女人，会具有与时俱进的魅力。

善于把握尺度

再名贵的菜，它本身是没有味道的。譬如“石斑”和“鳜鱼”，虽然很名贵，但在烹调的时候必须佐以葱姜才能出味。女人也是这样，妆要淡妆，话要少说，笑要微笑，爱要执著。无论在什么样的场合，都要把握好“尺度”好好地“烹饪”自己。

别丢了“矜持”两个字

作为一个妻子，毋庸置疑，你的一生将会陪伴一个男人度过，而男人最喜欢的莫过于矜持的女人。与矜持的女人在一起，男人才会真正懂得为什么女人需要男人去珍惜，去尊重；只有矜持的女人才会让男人知道，这个世界还是有好女人的。

矜持是人的一种素养。一个有内涵的女人，她的生活字典里是少不了“矜持”这两个字的。那何谓矜持呢？矜持是一种羞涩，也是一份清高，是对自己的爱护和尊重，那是人的一种高贵优雅的姿态。正因为有了这样的一种矜持，才使人觉得这个女人真是一个有气质有涵养的人。

留一分少女般的娇羞

许多时候，女人一脸的娇羞反而胜过了无数的情话，让优质男的心怦怦跳动不停。娇羞的女人，在男人的眼中有一种别样的魅力，令他们魂牵梦萦，欲罢不能。

娇羞是女人独特的美丽，它是一种青春的闪光、感情的信号，是被异性撩动了心弦的一种外在表现，是传递情波的一种特殊语言。当心仪的他出现眼前，小女人内心深处的一颗心不由自主地悸动，反映到脸上便是一脸的羞涩，红晕爬上了青春美丽的脸庞，似一种无声的诱惑语言，撩动了优质男内心的爱情之弦。当女人知道了羞涩对男人的魅力，便学会了在脸庞涂抹淡淡的红色胭脂，似一抹羞涩的红云，男人看在眼里，心里愈发荡起层层的涟漪。

美丽是女人一生的使命

卡耐基站在一个男人的立场，对所有女人说，一个男人对着女人一张细致的脸说话要比对着一张粗糙的脸说话有耐心得多。尽管男人说出这样的话使大多数女人不满，但这又确实是不争的事实。因此有人说：美丽是女人一生的使命。

总是有人这样告诫女性：“没有丑女人，只有懒女人。”这就是打造美女的首要宗旨。只有你自己像个勤勤恳恳的花匠，才能培育出美丽的花朵。现在就让我们从妆容、穿着、行为举止三个方面来呵护你的美丽吧。

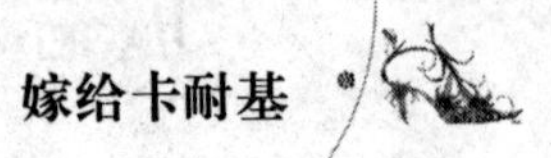

后天的美丽“妆”出来

很难想象，一个蓬头垢面，灰头土脸的女人，能有多少气质美可言。美容界认为，好的肌肤是美丽的基础，完美的妆容是精神美的有效点缀。有些人天生丽质，就算不化妆也光彩夺目。但这样的幸运儿的确是少数，大部分人的长相存在着这样或者那样遗憾：眼睛不够大、鼻子不够高、皮肤不够细腻……而化妆的作用就是弥补瑕疵，让你看起来更加漂亮。事实上，现在更多的正式场合下，女士化一点淡妆也被看做礼貌的行为。

如果你不太会化妆，可以多多翻阅一些美容时尚杂志，或者请教一些会化妆的“闺中姐妹”。她们都会告诉你一些化妆的技巧和窍门，并且你在这个过程中也能够更贴近潮流，跟友人关系更亲密。另外，一位有名的女化妆师说过：“化妆的最高境界可以用两个字形容，就是‘自然’，最高明的化妆术，是经过非常考究的化妆，让人家看起来好像没有化过妆一样，并且这化出来的妆与主人的身份匹配，能自然表现那个人的个性与气质。”所以，一般场合里，淡妆最适宜。如果你每天都一副浓妆艳抹的脸出现在别人面前，也很难带给他人美好的感受。

女人该懂的服饰物语

我们都会有这样的感受，不同的服装带给我们不同的心情。比如穿上一条曳地长裙，会感觉自己像纤纤淑女；穿上旅游鞋和宽松的休闲裤，又能感到年轻与活力。不同的服装可以凸显女人不同的气质风采。而一身得体、整洁、不落俗的装扮也为你的形象添彩。其实，懂得了穿衣配饰的规则，即便你没有能力选择那些天价的名牌，依然可以显露品位与气质。这里有一些小小的要求。

（1）合适

所谓合适，即要求在选择着装时要因人而异、因时而异，使所穿服装与自己的身体条件以及所处场合相适应。你要根据自己的身体条件选择服装，才能扬长避短，充分展示个人的最佳形象。

虽然不宜提及女人的年龄，但这里不得不说选择衣饰要与年龄合拍。年轻时可以选择一些鲜艳的色彩搭配，年长时就应该稍微保守，身上的颜色不要超过 3 种，否则别人很难感受到你的成熟魅力。另外要考虑到肤色，肤色白净者，适合穿各色服装；肤色偏黑或发红者，忌穿深色服装；肤色发黄或苍白者，宜穿浅色服装，等等。而不同的形体条件也是你选择服装的依据，再好看的服装也要合适你的尺码。记住这一点：没有不好看的衣服，只有不合适的衣服。

服饰搭配更需要适应你所处的场合。比如白领丽人在工作时应该稍微正式一点，套装会显得正规而庄重，但如果穿着牛仔服、运动鞋或是网球裙去上班，甚至外出办事，就很难给工作伙伴或是客户一个值得信任的形象了。

（2）时尚编辑的建议

以下是著名时尚编辑关于服饰搭配的建议，仔细看一看，千万别撞上了“雷区”。

不要在凉鞋里穿上肉色的短丝袜，这样的搭配属于 30 年以前。

一身都是黑色也许能够显出知性、沉稳的风格，但是也稍微给人一点亮点吧。一条亮色的围巾，一些晶莹的配饰都不会让你显得那么死板僵化。

饰品的佩戴要少而精，别把自己装扮成了“圣诞树”。

微笑，世界如此美妙

微笑是一种很神奇的力量，发自内心的微笑会让自己感觉到幸福，同时也给了别人温暖。让人有被认可、被喜欢的安慰感。

在二十年前的美国，曾发生一件轰动性新闻：一个陌生路人将四万美金现款给了加州一个六岁的小女孩。大家都很惊奇，在大人的一再追问下，小女孩终于说出了令大家从没想到的答案："他好像说了一句话——你天使般的微笑，化解了我多年的苦闷！"原来，这个陌生人是一个富豪，但过得并不快乐。因为平时给人的感觉太过于冷酷，几乎没人敢对他笑。当他遇到小女孩的时候，她那天真无邪的微笑驱散了他长久以来的孤寂，打开了他尘封多年的心扉。

微笑是一种很神奇的力量，发自内心的微笑会让自己感觉到幸福，同时也给了别人温暖。它就像是心里飘出的一朵莲花，美丽，令人一见倾心。微笑是最原生态的吸引，它会让人有被认可、被喜欢的安慰感。真挚的笑容，是全世界通行的见面语，它代表了"我对你很有兴趣"或是"我很喜欢你""我真的很想和你交往""和你在一起，我很开心""我玩得很高兴"等意义。微笑，就像温暖的情绪阳光，而人们则乐于沐浴其中。

有句谚语说："当你笑的时候，世界与你一起笑；而当你哭泣的时候，却只有你一个人哭。"如果你皱起眉头，就等于你把自己向寂寞更推进了一步，而微笑不仅是解救你远离孤独的良方，而且还是交友的法宝。

有的人担心，微笑应该是一种自然情感的表现，如果我们一直想着要微笑，微笑不就变成不自然了？有些人天生就不习惯去微笑，那又怎么办？其实，你不必担心。如果你“决定”了要自己微笑，只要做得正确，渐渐你会发现，你真的在微笑，而且笑得自然又不做作。

W. 詹姆士曾经说过：“行为基本上产生于情感之后。可是实际上，行为与情感是形影不离的。我们可以通过制约受意志直接支配的行为，来间接地调节不受意志控制的情感。譬如说，尽管没有什么理由但要努力去微笑，不一会儿，微笑的理由也就产生了。”这就是说，你如果装出一副高兴的样子，那么你的心里就会逐渐产生高兴的情绪。所以，一个人若能变得赏心悦目，神采飞扬，那么他肯定能赢得周围人的好感、同情和信赖。

对那些愁眉苦脸，闷闷不乐的人来说，女性的笑容就如阳光穿过云层。因为笑容是一个人善意的使者，可以使见到它的人，生命都因之变得有希望。那些处于压力之下的人，不论他们的压力是来自上司、顾客、师长、双亲或小孩，一个亲切的微笑就可以使他们觉得一切并非完全无望——这世界仍然有欢乐存在。

在动物王国中，露齿是攻击的象征，但是，在人类的世界中，却完全相反。没有任何一件事比温馨的微笑，能更快速地解除愤怒者的武装。微笑，可以保证你笼罩在受欢迎的光环中，当你微笑着请求援助，你所能得到的帮助，一定比预期的更多。

练习对人微笑，直到你可以自然地向平常接触的人展颜而笑。例如，当你被介绍给别人时，当你向老朋友打招呼之际，或当你每天早晨抵达工作场合的时候，都能自然地灿然而笑。要确定的是，你的笑容必须是真心的。别人可以很快看清楚笑容的真假，因为，再也没有别的东西比虚伪的假笑更令人避之犹恐不及的了。

世界上最著名的微笑是达·芬奇所画《蒙娜丽莎》的微笑。据说日本有位仁兄被她的微笑所迷，每天都对着这幅名画看上两个小时以上，天长日久以致精神恍惚，结果被人送到精神病院，足可见微笑的魅力。

而真正因微笑走向成功的应首推美国的商业巨子希尔顿。从1919年到现在，希尔顿旅馆从一家扩展到七十多家，遍布世界五大洲的各大都市，成为全球规模最大的旅馆之一。几十年来，希尔顿旅馆生意如此之好，财富增加得如此之快，其成功的秘诀之一，实赖于服务人员“微笑的影响力”。

希尔顿旅馆总公司的董事长康纳·希尔顿在几十年里，向各级人员(从总经理到服务员）问得最多的一句话是：“你今天对客人微笑了没有?”他谆谆告诫员工，无论旅馆本身遭遇的困难如何，希尔顿旅馆服务员脸上的微笑永远是属于旅客的阳光。他说：“请你们想一想，如果旅馆里只有第一流的设备而没有第一流服务员的微笑，那些旅客会认为我们供应了他们全部最喜欢的东西吗？缺少服务员的美好微笑，就好比花园里失去了春天的太阳与微风。假若我是顾客，我宁愿住进虽然只有残旧地毯，却处处见到微笑的旅馆，而不愿走进只有一流设备而不见微笑的地方……”

如今，希尔顿的资产已从5000美元发展到数十亿美元，但是，当希尔顿坐专机来到某一国境内的希尔顿旅馆视察时，服务人员会立即想到的就是他们的老板可能随时会来到自己面前再提问那句名言：“你今天对客人微笑了没有?”

在生活中，不妨也学一学卢浮宫里蒙娜丽莎的微笑，即使在不想笑的时候，也要露出微笑，这样定会收到意想不到的效果。戴尔就曾经告诫所有的女士们：像蒙娜丽莎那样微笑吧，如果一个女人脸上永远挂着蒙娜丽莎般迷人的微笑，无论她生得多么丑陋，一抹微笑都会遮掩她后天的缺陷与不足，她在男人眼里，足以和天使相媲美。

一分舒适感胜过十分性感

具有哪些特质的女性最容易让男性喜欢和她在一起呢？首先是舒服，这是最重要的。这个答案和人们想象的或许相去甚远，也让许多相信化妆品和香水广告的女性感到不可思议。

如何恰当地与男人相处，这是每一个女性都会碰到、也应该了解的问题。站在女性的角度来说，一辈子都必须与一位任性的男性生活在一起，还必须处处迎合他，无疑是件很糟糕的事。而更糟糕、更让人伤神的是，压根就没有男性愿意和她生活在一起！既然这个世界的实际情况是，男性占了世界上将近一半的人口，那么，如何与男人相处便是每个女人都必须面对的问题。

作为女性，在生活中不可避免地会接触到的男性不计其数。例如，父亲、兄弟、丈夫、儿子和女婿；自己的同学、亲戚、朋友；上司、客户、同事；还有其他各种职业的男性，比如医生、律师、售货员、军人、屠夫、面包师等等。

对于男人与女人之间存在着诸多不同，这已是不可否认的事实，既然如此，那么女性多少思考一下怎样与男性相处的问题，应该算是个不坏的主意。

那么，男人到底喜欢跟什么样的女人相处呢？很简单：舒适感！

也许你会感到吃惊：怎么不是漂亮、美丽或性感呢？也许你会认为这个答案是得自于一群喝腻了香槟，思想落伍了的花花公子？

在第二次世界大战结束时，所有服兵役的男性都接受了一项问卷调查，其中有这么一个问题：你急切梦想的婚姻生活应是怎样的？令人意想不到的是，所有穿军装的硬汉的答案居然惊人的相似。他们对婚姻急切渴望的并不是令人心驰神往的女性的柔美性感的身体曲线，也不是热情火爆的刺激，只不过是再简单不过的平凡的舒适！这个答案和一般人的想象相去甚远，可能会令一些过分痴迷于化妆品和香水广告解说词的小姐们感到困惑或失望。

很显然，在大部分男人的心目中，一盎司的舒适感抵得上一磅的性感魅力！如果男人需要的是舒适，作为爱他又想得到他的爱的女人，为什么不提供给他们最想要的舒适感呢？

随和体贴

男人挑选妻子的首要条件是：要有好性情。任何想要与女人愉快相处的人，不管是她的丈夫、老板、同事或是3个月的孩子的母亲，都应该更多地关心她表现出来的温柔性情而不是她的过失。要知道：男人们宁可在轻松欢快的气氛中吃方便面，也不愿跟一个哭丧着脸、不断地抱怨唠叨的女人享受美味的大餐。

琳达是一家公司的速记员，就这份工作而言，她做得实在糟糕透顶，根本做不到准确迅速地记录和打字。但是她在这个岗位已经做了很长时间，公司也并没有辞退她的意向。这一切都要归功于她快乐天使般的性格和极强的亲和力，她的笑容像阳光一样照亮了办公室，哪怕有多大的牢骚、抱怨和批评，只要有她在，全部都能化解。有了这一点，即便她做不好任何事，也值得付给她那份薪水。我偶尔会碰见她和她的丈夫，猜想她的烹调手艺不会比速记打字更好，不过看她丈夫每次注视她的眼光，整个脸庞充满了欣赏和爱恋，就知道他并不在乎她的手艺。

的确，女人的随和和体贴就有这么大的魔力。一个单身汉曾经坦白地承认，如果让他在一个出身贫寒但快乐、性情温和的女人和一个出身富有的泼妇之间作出选择，他会毫不犹豫地选择前者！

善于适应

一般情况下，女人几乎不会因为一时兴起而去做什么事情。因此，男人永远也不会了解，为什么女人去看场电影也要在几周前就预先计划好；而当他临时决定打算到郊区度假时，妻子却经常会以她没有合适的衣服穿等借口加以拒绝。

就算男人突如其来的想法会让有条不紊的女人感到厌烦，但是对女人来说，偶尔尝试一下新鲜的做法也并没有什么损失，有时，反而能增进彼此的理解和快乐。顺应一个男人的心情，是一个万无一失的赢得他的心的法宝！

一个男人想到一个主意时，他喜欢马上将它付诸行动！而女人往往无法及时适应这种冲动，这种情况常常令男人十分气恼。很早就拥有适应男人情绪变化能力的女人，已经在洞悉如何与男人相处的问题上抢占了先机，能巧妙地化解这个矛盾。

一位开朗、乐观的女人，她是一个适应能力非常强的女性，她的丈夫特别喜欢短途旅游，常常一丢下旅游广告便打电话给她："亲爱的，准备一下，明天早上咱们去度假。"已经习以为常的妻子于是将泳装放进手提箱，将小鹦鹉托给邻居照顾，将定好的约会全部取消，就等着第二天早上出发了。她对我说，这么做并没有什么，任何一个女人只要稍微练习一下就能做到。

乐于做真实的自己

一位一向文静内向的女孩突发奇想地有一些怪异的举止，比如在公共场合放声大笑，很显然，她觉得这样做能使自己成为现场众人注目的焦点。不过，男人并没有你想象的那么愚笨，他们懂得判断，也知道如何辨别真伪。做真实的自己，才是成熟女性唯一正确的选择！

令人不解的是，很多平时非常聪明的女人在这方面也会犯糊涂。她们认为仅仅改变自己的装扮风格就能让男人迷惑，让他们不清楚自己到底娶了一个什么样的女人，这种想法既不成熟也不明智。要知道，江山易改，本性难移，任何人都改变不了自己的性格，还不如老老实实地承认它，更何况这些性格并没有什么不好。女人完全可以发扬自己的优点，改掉缺点，这样就一定能展现最佳的风采，表现出一个真实的自我。

为作一个女性而自豪

难道男人和女人只是由于他们性别不同就该彼此争斗？其实，这个世界上真正值得争的事情还多得很呢！无论如何，一个女性若是认为所有的男人都不是好人，觉得自己受到自然和人类的欺骗，那么她将很难得到男性的钟爱。不过，也无所谓，反正用她自己的话说就是："我恨透了他们，才不在乎呢！"

不过，大部分的女性还是愿意与男性达成一种重要的关系的，而要真正地做到这一点，作为女性，首先要乐于当一个母亲，同时，必须尊重女性的基本功能，承认母亲在人类生活中担任着特殊角色这个生物学上的事实。拒绝接受女性特质的女人，并不只局限于世人所谓的"老处女"，事实上，我所交往的中年未婚女性有很多都非常成熟、身心健康，散发着迷人可爱的魅力。同时，我也认识一些喋喋不休地抱怨的女性，她们会不时地发出"女性就是次等公民""造物主创造男女时确实偏心"等废话。

每个人不论结婚与否，都应该愉快地接受自己的性别。这种态度才是健康的，同时也是感情成熟的表现。没有这种基本观念的接受，男女之间就很难谈得上会有真正的幸福，人生中最重要的婚姻领域也会无一例外的沦为战场。

与男人相处的艺术，无法缩减成一套精确的公式，因为人的性格各异，男女之间在许多方面都有很大的不同。但是我们所述的这些法则，都是从许多女性的亲身经验中总结出来的，至少指出了一些幸福女人与男人的相处之道。

我们都渴望，在这个美好的世界上，男性和女性将不再像天敌一样彼此对抗，而是手牵手，心连心，在友谊和爱情中一起工作、一起游乐，永远相亲相爱地生活在一起。

要能干，但不要表现得太能干

曾经有个女孩向朋友倾诉，由于自己的能干而失去了一个很合适的男性。这个女孩从事的工作是经理，平时发号施令、制订计划，工作非常得心应手。但在社交场合，她就不能做得如此成功。

她仔细地分析自己："我发现，当我的男朋友刚刚打开雨伞，我已经叫来出租车；电梯的按钮由我来按；晚餐时为他点鹅肝和熏肉，因为他的血压不太正常。所有的工作都是我这个能干的女性去做，他甚至从没有机会为我拉开椅子或帮我脱下外套。最后的结果是，他离开了我，一切都是我自作自受。我想自己是太能干了。"

因为，如今的丈夫已经被完全惯坏了，鱼和熊掌都想兼得，既要求女人拥有足够的魅力，同时又要有做事的头脑，必要的时候还得拿出自己的收入来支持家庭或他的事业。也就是说，当一个中意的丈夫出现时，女人既要做一个成功、独立的女性，又必须牢记自己还是个女人。其实，做到丈夫心目中理想的女性形象也并不是非常困难。聪明的女人在上班时会尽量表现出自己就是老板不可或缺的得力助手；下班以后就不再以同样的面貌出现，而是做他温柔可爱的女人，这样他就会对你呵护有加，不离不弃。

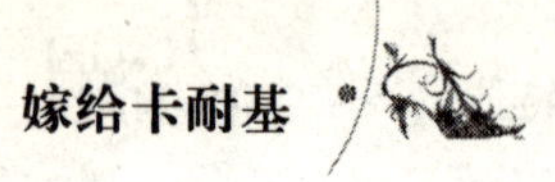

培养女人优雅的声音

优雅的声音能够释放女人高雅脱俗内在精神气质和修养，使女人的魅力得以完全展示，是一种能量，一种吸引力。优雅的声音像磁场感应，达到“不见其人，只闻其声”就产生好感的效果。

女人的可爱表现在三个方面：声音、形象和性情。但是在实际生活中，人们往往注意到的只有后两点。其实，声音在女人的可爱之中占有的分量绝对是很重的。

有时，面对美丽的女子，男人会觉得高不可攀，会自卑。但是，面对一个撒娇或甜美的声音，男人会充满自信，会强烈地意识到自己是个大男人，进而在这种思想的控制下去“怜惜”这个“弱女子”。有很多男人本身就是非常迷恋女人声音的，他们对女人声音的记忆特别深刻，深刻到可以穿透灵魂。很多历经沧桑的男人在记忆深处都有一个女人的声音，这个声音可以让他在自己最隐秘的思绪中细细咀嚼。

能攫取男人心的都是轻柔、甜美的声音。聪明女人会在悦耳的声音中注入温情，让声音形成迷人的风景。这样的声音是最有力的，它能够熔化男人的钢筋铁骨。

优雅女人会时时注意自己声音的力度、音阶和速度。她像一个调音师，时时精心控制每一个音节而奏出整体优美的音乐。而温柔的语言、亲切的态度、婉转的音调、平和的旋律，这些加起来，会使一个面貌平庸的女人变得异常有女人味而且魅力倍增。这样的女人，即使有一天老了，魅力也永不会丢。

女人如果不注意声音的培训，即使你本身是凤凰最后也会变成乌鸦。有些女人的声音过度刻板，很机械，发声跟电脑程序差不多，完全不能让人产生幻想。失去声音的魅力，就失去一部分女人的特质。所以，女人应该像训练形体一样的去训练声音，这样才能增加女人的自信并改变女人的命运。

女人优雅的用词造句

除了嗓音的好坏，女人说话时的用词造句同样也会影响自己的语言表达。女人在说话时若能运用恰当的词汇，并将自己声音的魅力显现出来，一定能够吸引人继续聆听。优雅的用词造句要点包括以下几方面。

（1）千万不要说粗话

说粗话的情况并非仅存于中低劳动阶层，有许多学识深、地位高的“高级人士”在自己遇到稍微不顺心的事时，也会用一句粗话来发泄自己郁闷的情绪。其实发泄的手段和方式有很多，说粗话只是下下策。身为女人，一定要远离这类话语。一句粗话会让一个穿着端庄、容貌秀丽的女士形象顷刻之间大打折扣，让人忘记了她所有美好的东西而只记住这句粗话。

（2）语言简练

谈话中要避免冗长无味或意思重复的言语，如：“你明白我的意思吗?”“你说好不好?”“你知道吗?”这样的言语会让对方觉得自己的智商和理解能力受到了怀疑。

（3）语句完整，语速适中

说完整的词句，不要吞吞吐吐或欲言又止，如此会让人觉得不明快。不要采用流行语、口头禅来作为开场白。可能有些女性也从身边的孩子身上学到青少年所惯用的流行语，以为说了这些话就代表跟得上潮流，实则不然。说着一口年轻人的流行语，既幼稚且又有失身份，完全背离了初衷。这可不是气质优雅的女人想要给人的印象。

（4）**不要使用鼻音词汇**

有的人喜欢用“嗯”“哦”等简单的鼻音词汇来表达自己的意见，同意或者否定，殊不知，这样的发音给人的印象极其不好，一是表现出自己的懒惰，二则表现了对发言者的不尊重，令其有不受重视的感觉。因此，一定要力戒这类发音从你的交谈话语中出现。

（5）**注意优化口头禅**

就像每个人都有他的习惯动作一样，几乎每个人都有自己的口头禅。它在不知不觉中，已构成所谓个人形象的一部分，甚至是重要的一部分。语言的风格是个人文化素养的体现，挂在嘴边的口头禅所属的语言风格，会让人很自然地把你与这种气质联系到一起：“谢谢”“对不起”等文明、有教养的词汇让人感觉到你的举止文雅、素质高。夹杂着“说实话”“坦率地讲”等短语的说话者很容易取得别人的信任。总是把“无聊”“没劲”挂在嘴边的也会让别人感觉到他的颓废、疲惫和无追求。而开口便是“神经病”等口头禅的人，就更不用说了，自然让人觉得粗鲁无教养，进而想远离她。

女人优雅的声音就像一种美妙的音乐，令人神往。女人假如只注重化妆打扮，而不懂得修饰优雅的声音，那只能使她虚有其表。

真正的美源于内涵

一个完美而成功的女性首先必须是智慧的，她的灵性与聪明比她的美貌更加重要。

戴尔认为，有些女人天生具有优越感，因为她们天生丽质，但是因为这种天然的优势，她们往往忽略了后天的知识补给。当然，漂亮女人并非无可救药，有一个最简单的自救之方：读书。这样，一个女人的美丽就增添了厚重的文化底蕴和质感，一个女人的美丽就有了值得阅读的内容。读书有一个最大的好处是可以美容，书读多了，容颜自然美丽。时下比较流行说某人气质不错，其实气质就是书籍潜移默化的结果。聪明女子，已经知道如何用知识去打造自己的性感了。毕竟有内容才有意味，才经得起推敲和品味。

我丈夫戴尔，多年前开始研究亚伯拉罕·林肯，他觉得林肯的一生非常迷人，因此就自己写了一部林肯传。他说，这部书没让他赚到任何钱，但是写这部书却使他成为一个更优秀、更快乐的人。

如果能够通过学习来刺激智力，女人们就永远不会老去。女人的年龄会越来越大，她们会失去朋友和健康，但是只要用知识填满内心的空间，就永远不会茫然孤寂，而只会更加快乐，更加喜欢自己。

其实，人类先天的一些限制已经将我们局限于宇宙中一个狭窄的空间里。人生 60 年、70 年甚至 90 年的时间，和永恒比较起来算得了什么？如果我们把自己也局限起来，单凭我们的有限经验还能知道些什么？没有书籍及对知识的渴望，我们就注定只能像动物一样活在无比局限的范围里。

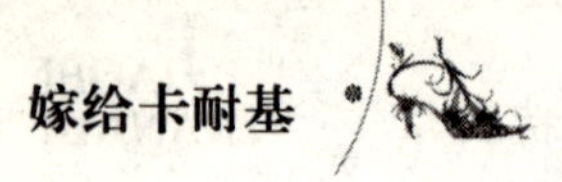

书籍的魅力

罗马十二大帝时代的人是如何思考的？伦敦在可怕的瘟疫时期是什么样？通过书籍，都能了然于胸。书籍带来的不是冷酷的事实，而是人类经验——人生的切片。H·G. 威尔斯曾经写道：“我绝不相信 H·G. 威尔斯的身体或他这个人是永恒不朽的，但我确信思想、知识和意志的成长过程是永恒不朽的。”

如果女人们把更多的时间用在阅读不朽的名著上，那就更好了。时间会将二流和二流以下的书籍淘汰掉，保留下来的都是人类思想和经验的精华。真正的好书是那些历经岁月的考验而常新的书，而不是那些销量仅能维持数周的“畅销书”。

从不喜欢“本周畅销书”这个标题的泰迪·罗斯福曾经写道：“我宁可见到的是‘前年畅销书’这个标题。前年的书到现在仍然引人注目，说明它还值得一读，但是一本只配称为本周畅销书的书最好是马上丢进垃圾桶里去。”读《战争与和平》可能要花掉比读一本周内畅销书长得多的时间，但是，《战争与和平》将进入你的生命，一辈子陪伴着你。当你还年轻时，它教你走向成熟和睿智；而当你年老时，它会为你平添几分朝气和乐观。

这是一个发现的旅程，一旦你投入其中，就会明白什么叫“成熟的心灵”。不必担心读什么的问题，信手拈来，往往充满了意想不到的惊奇，而且收获非常之大。就像一个初次出国的旅游者，毫无准备地漫游世界。在凝视希腊雅典女神神殿或埃及金字塔时，内心感到一种发现的兴奋，因为没有准备反而增添了快乐。很多女性朋友抱怨说，许多古典名著因为大学里的强迫研读和沉闷的教授方法而被糟蹋掉了。泡在图书馆里的女性从没有出现过这种现象。她们仔细阅读，而它们回报的是心灵的极大满足。

书有很多种，如同朋友有很多种一样。

一种是知心好朋友。她是知己，也是玩伴；可以交心，也可以玩耍。与她交往会觉得身心愉悦而互相受益，公平而有价值。不必隐瞒或吹嘘，不必委屈和失去自我，你们是独立的，也是一体的。

一种是知心朋友。你可以和她进行深层的谈话，交流各自的想法，人生的，事业的，感情的，她能给你点一盏灯。灯光是明亮的，仿佛穿透了你的内心。只是，期盼的轻松会被这种严肃而绝对的气氛吓跑，隐隐地总觉得隔点什么，缺点什么，稍显沉重了。

还有一种是好朋友。她可以陪你度过闲暇的时光，放下一切而舒展身心，给你最真的快乐感觉。只是你无需也无法向她提及工作学习、未来发展之类，因为她只是一个伴儿，一个从童年最初友谊中延伸下来的伴儿，那种原始的快乐是有条件和期限的。

最后一种就是普通朋友。可有可无，可多可少。她们游荡在你的世界边缘，有时候会进到你的生活圈，扮演一个角色，有时候在她们自己的世界里扮演另外一个角色。不是她们不够好，是她们彼此太相像了，你甚至找不到一个让自己心动和想念的理由。

一本好书就如一位知心好友。它像与生俱来的一道灵光，照亮你的天空；像一把开启心扉的钥匙，牵引你走进感知和灵魂的最深处。它使你的身上澎湃着智慧的潮汐，让睿智的目光中总有一种撼人心魄的力量。什么东西都可以今天拥有，明天失去，唯有从好书里引发出的思考，可以永久地留存在你的脑海里。它不会对你进行大言欺世的概念轰炸和术语倾销。这些思考，有的可能引起争辩，有的又使人感到妥帖，有的可能兴起思潮，有的又可能平静如镜。将嬉笑怒骂尽收眼底，实在是人生的一大享受。

终身学习

戴尔说过，学习如同呼吸一样，是一种终身的活动，它意味着生命的存在。从降生到归根的整个生命阶段，都蕴藏着不同的学习契机。

每个人都担任着不同的角色，如为人父母、为员工、为老板等，从事各种工作、参与社会。

在这样的发展过程中，每个人都担当着终身学习的任务。美国联邦政府在公布的终身学习计划（Lifelong Learning Project）中明确指出："终身学习是个体在一生中持续发展其知识、技巧和态度的过程。它是指个人在一生中，为增进知识、发展技能、改正态度所进行的有目的、有意义的活动。它是通过一个不断的支持过程来发挥人的潜能，它激励并使人们有权力获得他们所需要的全部知识、价值、技能与理解，并在任何任务、情况和环境中有信心、有创造性和愉快地应用它们。"

一个女性的终生学习可以发生在学校，也可以发生在家庭或工作场所；教师可以是专业的教育者，也可以是其他有知识的人；教材可以是教科书，也可以是其他媒介，如电视、电脑等。

每个人的一生都是一个持续发展的过程。人的生存是一个无止境的完善过程和学习过程。毫无疑问，一个女人也必须从环境中不断地学习那些自然和本能没有赋予她的生存技术。无论是求生存还是求发展，她必须终身学习。正是从这个意义上讲，终身学习的过程实际上也是社会成员不断发展、不断完善的自我实现的过程。

同时，女性朋友通过终身学习可以发现自己人生的意义。在不断学习的历练过程中，她们可以知道自己的长处和短处，并且善用自己的长处，解读自己的人生密码，规划自己人生发展的蓝图。

另外，终身学习可积累属于自己的智能资本（Intellectual Capital），也就是一个女人一生生存和发展的资本。每个人都具有不可限量的潜力，但只有通过学习，才能把潜力转换为能力，把理念转化为能量。因此，终身学习将协助女性朋友们打破自我的界限。

致力于终身学习的女性朋友们不妨牢记终身学习的七大要义。

✚ 学习是一种生存方式。

✚ 学习是一种主体的转移，从课堂、教师、教材中心向学生中心转移。

✚ 基于学习者的自主性，尊重学习者特有的学习方式及学习意愿。

✚ 学习是一个贯穿一生的过程。

✚ 学习是一个全面的过程。

✚ 学习无所不在。

✚ 学习的目的在于建立自信和提升能力，适应社会发展与变化。

优雅女人不抱怨

如果一个妻子总是强迫丈夫赞同自己，或者一味抱怨丈夫不够温柔体贴，所得的结果可能就是丈夫的刻意逃避，或对你抱有敌意。

有一位丈夫曾这样诉说自己的烦恼：“我妻子老是埋怨我，说我从不欣赏她所做的一切努力，她说我从不在意她是否穿上新衣服，从不告诉她打扮的是否很漂亮，也从不夸奖她费了一天的工夫把房间收拾得干净利索。如果我说我认为这些不过是再普通不过的事情，她就会因此变得极为生气，又非常伤心的样子。可是，当我将薪水全拿回家时，她也从没有表现出任何激动的表情，也从没有对我这个勤奋、忠实可靠的丈夫赞美过一句，对此我并不太介意。我搞不明白，为什么她总盼着我赞扬她做的蛋卷、可口的饭菜还有她的新式发型？难道这些不是她应该做的吗？难道我每天工作得精疲力竭就活该如此？”

一般情况下，女性表现得似乎比男性更需要安慰，似乎她们极度渴望这一切。可惜，很多丈夫并没有意识到这一点，因为男性本身对周围的事物远不如女性那么关心，根本不会注意到每天的食物和妻子穿着打扮的变化，因此也想不起赞赏。如果你尽了最大努力做出一顿美味可口的饭菜，可能希望听到丈夫赞赏的话。事实上，做丈夫的也同样需要赞美、欣赏和夸奖。

如果一个妻子总是强迫丈夫赞同自己，或者一味抱怨丈夫不够温柔体贴，所得的结果可能就是丈夫的刻意逃避，或对你抱有敌意！聪慧妻子的做法是将自己所期望的赏识夸奖先慷慨地给予丈夫，如果你的丈夫对周围的事物确实反应迟钝或者太过自私，不明白、不理解你需要的东西，你应该温柔地设法让他知道你的想法。如果你不是抱怨，就是摆出一副颇受委屈的样子，那你得到的只能是他的反感情绪。此外，你还要记住，没有一个男人愿意被人看成是不谙世事的小男孩，因此也不要用母亲责备孩子的口气责备丈夫。你应记住一项通用的法则：用温柔和机智可轻易取得胜利，指责和强迫注定只会失败。

没有哪一个男人天生就会成为一个好丈夫，但一个聪明又宽容的妻子运用逐渐渗透的方法能够造就出一个好丈夫来，不信吗？一个大智大惠的妻子所做的就是让丈夫在不知不觉中接受你的观点，同时他自身还能从中学到很多东西。如果你态度强硬地指责他，那么一切都免谈，他会学不到任何东西，也不会成为一个好丈夫。

除了对丈夫的抱怨外，有很多女人似乎对生活的一切都不满意，今天抱怨这个，明天抱怨那个，仿佛一刻不说抱怨的话，就感受不到心里的平衡。其实这些抱怨不仅伤了她们自身，还会伤害他人。

喜欢抱怨的人不见得不优秀，但常常不受欢迎。抱怨不仅伤了自身，也会影响其他人的情绪，让不明真相的人心理产生波动。抱怨就像用烟头烫破一个气球一样，让别人和自己泄气。谁都不愿靠近牢骚满腹的人，怕自己也受到传染。抱怨除了让你丧失勇气和朋友，于事无补。

一位伟人曾说：“有所作为是生活中的最高境界。而抱怨则是无所作为，是逃避责任，是放弃义务，是自甘沉沦。”不论我们遭遇到的是什么境况，光是喋喋不休地抱怨不已，都注定于事无补，只会把事情弄得更糟，而这绝不是我们的初衷。常言道：放下就是快乐。与其抱怨，不如将其放下，用超然豁达的心态去面对一切，这样迎来的将是另一番新的景象。天下有很多东西是毫无价值的。抱怨就是其中一种，所以，我们要学会拒绝抱怨。

感受幽默的力量

契诃夫曾说：“不懂得开玩笑的人是没有希望的人！这样的人即使额高七寸——聪明绝顶，也算不上真正的智慧。”

幽默是一种最有趣、最有感染力的沟通艺术。因为幽默的机智反应并非只是能言善道，它也是一种快乐、成熟的达观态度。幽默对于一个人来说是如此重要，有幽默感的人不会让人厌弃，有幽默感的话题不会给人压力。

脸上的笑容不仅传递着心里的欢愉，也是赠送给世界的一份美好礼物，因为笑容可以传染。如果没有幽默的智慧，不懂得自嘲，心事永结于心，拥堵于胸，一生都得不到快乐。成功者往往都很幽默，知道自我开解，知道原谅，知道轻松。因为，他把快乐放在自己手心，不系在别人的言行上。

幽默的女人像一部生活保健书，每一句精辟言论里都深藏着让人笑逐颜开的理由，让周围的人因了她而变得格外的开朗通透。这就是幽默的女人的迷人之处。

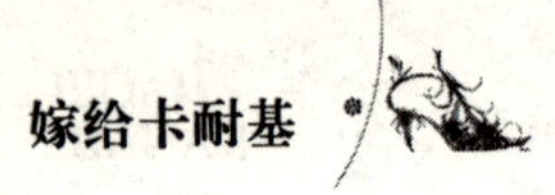

幽默的女人是乐观的，身处险境之时，也不因此沉沦丧志，总能开朗豁达，从容不迫，笑对人生，让自己也让别人领略到人生的别样风景。

把幽默带入社交

幽默是人际沟通的润滑剂。智者们善用幽默使生活当中激化的矛盾变得缓和，使难堪的场面得到化解，使紧张的节奏得到松弛……

罗曼·罗兰在他的名著《约翰·克利斯朵夫》一书中写道：不喜欢音乐的人是灵魂幽暗的人。契诃夫则从容地说道："不懂得开玩笑的人是没有希望的人！这样的人即使额高七寸——聪明绝顶，也算不上真正的智慧。"在这个世界上，有多少人能以幽默面对人生，战胜那个平庸的自我？若有的话，我们可以将他们称为杰出的人！

幽默是一种眼光，也是一种角度：是看世界的宏达眼光，是看人生的清新角度。芸芸众生，大千世界，不仅可以用好与坏来衡量，也可以用有趣与无聊、可笑与可悲来评判。幽默于己不仅是严肃的反省：发现自己的荒唐、冥顽、滑稽可笑；也是积极的上进，在笑声中与世界成为朋友，在笑声中，一手拉着世界，一手牵着自我，乐观而豪迈。

意大利著名作曲家罗西尼听人说，他的一批有钱的爱慕者准备在法国为他建一座雕像。感动之余，他问道："他们准备花多少钱？""听说一千万法郎吧。""一千万法郎？"罗西尼大为吃惊，"如果你肯给我五百法郎，我愿意亲自站在雕像的底座上！"

一句略显夸张的玩笑，将罗西尼的豁达尽显出来。

英国杰出的戏剧作家萧伯纳，常以幽默的语言表现他杰出的口才。有一次，萧伯纳在街上行走，被一个冒失鬼骑车撞倒在地，幸好没有大碍。肇事者急忙扶起他，连声抱歉，萧伯纳却拍拍屁股诙谐地说："你的运气真不好，先生，如果你把我撞死了，就可以名扬四海了。"

有幽默感的人，凡事健康思考，保持正面态度，在遇到困难时，容易化险为夷。

英国前首相丘吉尔当议员时，有一位议员在议会上演说，看到了丘吉尔摇头表示不同意，便说："我想提醒议员注意，我只是在发表自己的意见。"丘吉尔道："我也想请演讲者注意，我只是在摇我自己的头。"

在他七十五岁生日茶话会上，一个记者对丘吉尔说："首相先生，我真希望明年还能祝贺您的生日。""这位先生，"丘吉尔拍拍记者的肩膀说，"你这么年轻，身体又这么壮，应该没有什么问题的。"

幽默，让人们愈加钦佩和喜爱丘吉尔。

懂得幽默，你会成为社交场上最受青睐的人，交际舞会中，你就是一只优雅的蝴蝶，翩翩起舞，吸引了所有人的目光。

培养你的幽默感

女人要注意培养自己的幽默感，掌握幽默语言的艺术。下面是我给大家的一些建议，希望会对你有所帮助。

（1）注意丰富自己的幽默资料

看得多了，听得多了，占有的幽默资料多了，运用幽默语言的能力自然会得到提高。

（2）注意从别人的幽默语言中体会幽默的要领

仅仅从抽象的概念中学习幽默的要领，往往是不深刻的，只有结合大量的幽默语言实例进行深入体验，才能深刻理解幽默的要领，从而对幽默语言运用自如。

（3）注意从别人的大量幽默语言实例中启发思路

运用幽默语言，要有独特的思维方式，要有借题发挥、创造幽默语境的技巧，而且要求反应敏捷、思路明快，这些从幽默语言实例中都能体验出来。

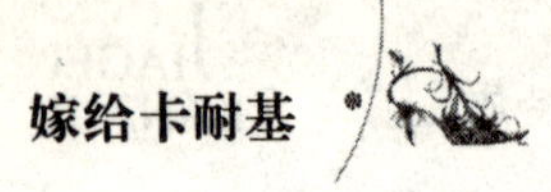

(4) 多找机会应用

实践出真知，幽默语言的培养也是这样。从书上学来的幽默语言知识，只有经过自己在实践中练习和运用，才能变成自己的东西。而且，在实践中练习和运用幽默语言，也能加深对幽默的理解，丰富幽默知识，这本身也是一种学习，是书本学习的继续和深化。只有多练习、多运用，才能有效提高使用幽默语言的水平。

(5) 幽默只是手段，并不是目的

不能为幽默而幽默，一定要根据具体的语境，选用恰当的幽默话语。另外，人的才能不一样，有的会幽默，有的不会幽默，不会幽默的，则不必强求。否则，故作幽默，反而会弄巧成拙。

做个理性的天使

对于女性来说，如果常常表现出愤怒和经常参与冲突，会被认为是一种不讨人喜欢、不光彩与让人蒙羞的行为。

情绪是人对外界事物的一种特殊的态度，它具有独特的主观体验和外部表现，并且总是伴随着生理反应。快乐、大度、热心等积极情绪使人胸襟开阔，笑对人生；忧虑、愤怒、绝望等消极情绪往往使人感觉生活痛苦，甚至产生一些极端的念头或过激的行动。控制情绪，化解那些有可能导致失败的不良情绪是成功者的显著特征。

杰克是一家贸易公司的业务经理，平日表现得非常不错，受到董事长的赏识，并且想提拔他为总经理。但是有一天，由于杰克熬夜的缘故，结果第二天早上起得太晚，他气冲冲地指着太太并责怪她为什么不叫醒他，使得他上班要迟到了。太太被训了一顿，心中不好受，因此早餐也不做了。两个小孩满腹委屈而且空着肚子去上学，杰克看到这种情况就更加火了，于是和他太太吵得更凶了。

之后，他气急败坏地赶紧下楼，由于他没有耐心等电梯，所以就三步并为两步地走下楼去，却不巧扭了脚，到了停车场才发现忘了带钥匙，所以又回家去找。他好不容易将车发动了，一出门发现到处都是车，根本动弹不得。他按捺着焦急的心慢慢地驾驶，总算上了高速公路，这个时候他毫不客气地开到时速130千米左右，却正好被交通警察逮着，虽然只开了张罚单，但是耗去了二十分钟。

下了高速公路准备进入市区，谁知道他一心只想快点赶到公司而闯红灯，结果撞上了对面来车，如此一来又耽搁了两个小时处理善后事情。这个时候，他的心情已经恶劣到了极点，不要说到公司早已迟到，就连与一位大客户的约会也泡汤了。

到了公司，大家都在吃午餐了，他还来不及坐下来喘口气，喝口水，老板就把他叫去训了一顿，说是由于他早上的失约使一笔生意吹了，使得公司也损失不少。平时忠心耿耿、对上司唯唯诺诺的他，今天一反常态和老板顶撞了起来。老板咽不下这口气，就叫他卷铺盖准备走人。他回到自己的办公室收拾东西，这个时候，一位秘书走了进来，她不知道发生了什么事，就像平常一样向杰克汇报一些重要事情。结果没多久女秘书就被他轰了出来。

女秘书哭哭啼啼地吵得所有的人都无心上班，大家的情绪受到感染。秘书回到家也不向先生说清楚就乱发脾气，结果先生也不甘示弱就把气撒在小孩的头上，小孩受到这种莫名其妙的指责，很不甘心地要回房去。不巧，家里的小狗躺在地上挡住了他的去路，结果小孩一脚将它踢得远远的。

小狗大概是这一连串事件中最可怜的受害者，但它不会连累到别人，把怒气发在别人的身上。有时候，人们不禁要问，为什么杰克不直接到女秘书的家里去踢小狗，而绕这么大的圈子呢？

消极情绪不加以控制，就会像病毒一样到处蔓延，影响自己及他人的生活和工作，其危害性不言而喻。人有七情六欲，即使成功者也会时常受到不良情绪的影响。所不同的是，生存之道使他强烈感受到一定要控制情绪，做消极情绪的终结者，否则将被消极情绪打败。

许多人都想控制自己的情绪，但遇到具体问题又总是知难而退："控制情绪实在太难了。"言下之意就是："我是无法控制情绪的。"别小看这些自我否定的话，这是一种严重的不良暗示，它可以毁灭你的意志，使你丧失战胜自我的决心。

学会控制你的情绪

其实控制情绪并没有你想象得那么难，只要掌握一些正确的方法，就可以很好地驾驭自己。控制情绪是一个长期的过程，在平常就要把自己的心态调整好，把保持良好的情绪当成一种习惯。

（1）**想法客观**

学会坦然面对生活中的一切，不对生活抱太多不切实际的幻想。给心里留一个放松的空间，用平淡的心态去接受身边发生的事。

（2）**学会发泄**

每个人都会遇到许许多多的不如意，要想活得轻松快乐，就要找到适合自己的释压方式，把心中的不良情绪及时发泄出来。如果某个人让你觉得讨厌，或许是因为他做了一件特别让你恼火的事，你到现在心情还无法平静，这个人的这件事一直在困扰你，使你的情绪无法平复。那样就不要委屈自己，不要压抑这种情绪，对自己的身心可能也不大好，对自己好一点，让这种不满的情绪自然发泄出来吧，需要注意的是，你得选择一个安全的方式。

你不必真的对着某个人发火，因为有时冲动起来，容易闹矛盾，可能等你冷静下来，就该后悔了，而且，因为一点小事失去一个朋友，那样可就不值了。所以，你可以对着墙，把它当做那个人，把你心中的不满全部都宣泄出来，或者找一张纸，把你心中的愤懑全都写下来，就像在给他写信一样。

（3）生活热情

平常要多参加一些户外的文体活动，多看一些轻松温馨的影视剧，多阅读些时尚轻松的书籍杂志，让自己的思想见识跟上时代的发展。多发展一些兴趣爱好，不仅有助于消除不良情绪，还能帮助树立积极健康的心态，感受到更多的快乐。

（4）学会控制自己的愤怒

生活中我们都免不了遇到令自己愤怒的事，但是把愤怒全部发泄出来，对人对己都是没有任何好处的，所以，一定要控制住自己愤怒的情绪。当你觉得自己快要爆发的时候，先不要张口，在心里默默从一数到一百，然后再张口说话，对避免把谈话闹僵会很有帮助的。甚至还有人说要从一数到三百后再张口，这要根据自己的愤怒程度，在心里给自己定个数。

在众多调整情绪的方法中，最有效的就是“情绪转移法”，即暂时避开不良情绪，把注意力、精力和兴趣投入到另一项活动中去，以减轻不良情绪对自己的冲击。

可以转移情绪的活动有很多，你可以根据自己的兴趣爱好，以及外界事物对你的吸引来选择。例如，各种文体活动，与亲朋好友倾谈，阅读研究，琴棋书画，等等。总之，将情绪转移到有意义的事情上，尽量避免不良情绪的强烈撞击，减少心理创伤，这样做非常有利于及时控制情绪。

情绪的转移关键是要主动积极，不要让自己在消极情绪中沉溺太久，立刻行动起来，你会发现自己完全可以战胜情绪，控制情绪，成为情绪的主人。

富有魅力的人格特质

戴尔·卡耐基曾评价一位女士说："你的粗俗将会毁了你的幸福。我要告诉你的是，只有举止优雅的女人，才会赢得男人的尊重和爱。"

戴尔曾说过，一个优雅的女人首先是一个悦心的女人。有句话这样说："美丽的女人悦目，成熟的女人悦心。"一个女人到了中年，走出年龄的界限，重新找回自己的追求、位置、价值，做个让人不感到乏味的女人，成为一个让人悦心的女人，这算是一个不小的成功。

悦心的女人温柔、聪慧、心地善良、襟怀宽广，既有女人的美丽、才智，也能包容别人的不足；能发自内心地帮助别人，所以也可以在任何时候得到别人的帮助。另外，悦心的女人果断、镇静而不咄咄逼人，不让男人丧失信心，不冷若冰霜拒人千里之外，不像一碗水一样淡薄透明得没有神秘感，也不像一块糖甜腻得没有含蓄。这样的女人字典里没有"飞扬跋扈"和"嫉妒"这类词汇，她们在欣赏别人的美丽时不自卑，在发挥自己的长处时不张扬。一个悦心的女人对家庭一定很有责任心和爱心，给丈夫的是温情细爱，让丈夫在外整洁、洒脱、充满自信；对孩子谆谆教诲使其健康活泼、全面发展；对老人则报养育之恩，永远宽容善待。一个悦心的知性女人懂得教养是无价之宝，德识才学比浮名虚誉更有价值。悦心女人的美是一种内在的美，它比外在的美更持久、更真实。

真正的优雅是来自内心，只有拥有优雅的内心才会有优雅的仪态。真正的优雅无法伪饰，它来自你所受的教育、自身修养以及美好天性的培植与发展，是人个性的完整体现和融合。每个人所能培养出的优雅气质，只能属于她自己。

得体的仪态

完美的仪态是每个女人人生旅途中的必修课程。合乎规范的、得体的仪态是女人气质的最佳体现。优雅女性的举手投足可能各有不同，但粗俗有定例，让我们来看看不优雅的举止吧。

(1) **语言习惯方面**

不注意自己说话的语气，经常以不愉快或者对立的语气说话；应该保持沉默的时候，喋喋不休；打断别人的话；以傲慢的态度提出问题，给人一种唯我独尊的印象；尖刻地嘲笑别人；在不适当的时候打电话。

(2) **行为举止方面**

在公共场合化妆；在公共场合旁若无人地摆弄头发；在餐厅吃饭时脱掉鞋子；面对陌生人，用目光随便打量对方。

其实，优雅的行为举止和言谈方式并不是天生的，所有大企业家和政治家、艺术家一样，他们的言行举止都是经过设计的。一位美国企业家坦然承认："如果你认识昨天的我，那么你就会说今天的我与昨天简直判若两人。因为我现在的一举一动都经过精心设计的。如果说我们的企业设计有什么标志性的作品的话，那首先就是我。"另一位日本企业家也说道："我在走向经理岗位之前，公司对我进行了精心的形象设计与培训。因为我要代表一个企业，我必须抛弃原来大众所不认同的东西，比方说一些有个性的习惯等。我为此与形象专家们共同练习了三个多月。"

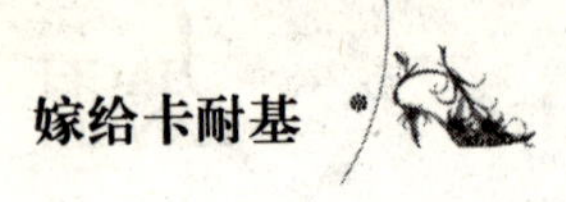

通过精心设计与练习，丑小鸭也会变成白天鹅。但是提升形象不仅要把外表装饰得很体面，更重要的是借外在表现内涵。内涵的提升需要一个长期不断地修炼过程。你必须从自身条件出发，尽最大的努力充分发挥自己的特质。外在条件永远是你的助手，只有你才是自己形象的真正主人。

良好的教养

除了优雅的仪态外，一个有魅力的女人还要处处保持良好的教养。一个人如果没有才，不会有人怪他，但是如果一个人没有好的教养，即使他才高八斗、学富五车也不会有人看得起他。因此，良好的教养是气质美的前提。良好的教养一般体现在以下10个方面。

(1) 守时。无论是开会、赴约，有教养的人从不迟到。他们懂得，不管什么原因迟到，对其他准时到场的人也是不尊重的表现。

(2) 谈吐有度。有教养的人从不冒冒失失地打断别人的谈话，总是先听完对方的发言，再去反驳或者补充对方的看法和意见，也不会口若悬河、滔滔不绝，不给对方发言的机会。

(3) 态度亲切。有教养的人懂得尊重别人，在同别人谈话的时候，总是望着对方的眼睛，注意力集中；而不是心不在焉，眼神飘忽不定，显得一副无所谓的样子。

(4) 语言文明。有教养的人不会有一些污秽的口头禅，不会轻易尖声咆哮。

(5) 合理的语言表达方式。有教养的人尊重他人的观点和智慧，即使自己不能接受或明确同意，也不情绪激动地提出尖锐的反驳意见，更不会找第三者说别人坏话，而是陈述己见，讲清道理，给对方以思考和选择的空间。

(6) 不自傲。在与人交往相处时，有教养的人从不凭借自己某一方面的优势，在别人面前有意表现自己的优越感。

(7) 恪守承诺。有教养的人总会努力做到言必信，行必果，即使遇到某种困难也从不食言。恪守承诺是忠于自己的最好表现形式。

(8) 关怀体贴他人。有教养的人不论何时何地，对妇女、儿童及老人，总是表示出关心并给予最大的照顾和方便，当别人利益和自己利益发生冲突时能设身处地为别人想一想。

(9) 体贴大度。有教养的人与人相处胸襟开阔，不斤斤计较、睚眦必报，也不会对别人的一些过失耿耿于怀，更不会嫉贤妒能。

(10) 心地善良，富有同情心。在他人遇到某种不幸时，有教养的人能尽自己所能给予支持和帮助。

成为一个处处受欢迎的人

何为魅力女性？就是她能让每一个围绕在她身旁的人如沐春风，行为举止间让人感受到尊重，感受韵味，愿意与之亲近。让魅力永驻的元素不是明眸皓齿，而是富有魅力的人格特质和因此而具有的温润的眼神。

一个优雅的女人必定是一个受人欢迎的女性，孤芳自赏算不得优雅，冷漠自私更算不得优雅。真正优雅的女性懂得友善地对待他人，具有优雅的社交风度和得体的言谈举止，使人备感亲切，如沐春风。

若要世人爱你，你当先爱世人

爱的力量是相互的，要获得他人的喜爱，首先必须要真诚地喜欢他人。这种喜欢必须是发自内心的，而非另有所图。

一个人如果只关心自己，他很难成为一个被人喜欢的人。要成为令人敬重的人，必须将你的注意力从自己的身上转移到别人身上。他人也希望得到你的敬慕。

一个人希望被别人喜欢、敬重，必须先学会关爱别人。要真正地去关心别人、爱别人，激励他们展现最好的一面。那样，正如不求报酬做善事终会有所回报一样，别人也会加倍地关心你、爱护你。如果你对他人真正有兴趣，认为他们很重要，如果你经常关心他们，这无疑会增加你获得成功和幸福的机率，别人也会因此而喜欢你。你必须向他们提供建设性的帮助，同时具备与人沟通的技巧。知道如何帮助别人是一门艺术，一个人如果知道该怎么做的话，他必能获得别人持久的感情。所以，我们必须说：若要世人爱你，你当先爱世人。

诚意是万灵丹

人与人之间可能因为立场不同而闹得水火不容，要他们互相信赖、谅解似乎是不可能的。但是如果以诚意来化解问题，多为别人着想，事情并不难解决。只要你有一颗体谅他人的心，终会有人了解你，也终会有人喜欢你。

讨人喜爱，受人欢迎，固然是令人高兴的事；但是若要潜藏起自己的意见，抛却自己对事理、正义的看法，只是一味地逢迎对方的意思，趋附于他人，而失去了自己的立场，那么虽然你受到了欢迎，却是一件可耻的事。因为受欢迎的是逢迎拍马，而不是你人格的高尚、对事理的高见。

做人，素来讲求一颗善良的心。有了善良的心，思想也就纯洁无瑕。既然心志纯良，便不会做出奸诈险恶的事情，也不会受外界的诱惑而失去做人的准则，与别人同流合污。虽然社会上充斥着罪恶，更潜藏着许多陷阱，但是只要我们保存一颗善良的心，就能与邪恶对抗，并且扩大善良风气的影响力。那样，社会上的罪恶必能减少。所以我们不妨时时心存一颗素心修养自身，并以侠义之心去影响周围的人。

在社交中展示优雅的风度

优雅的风度是女人在社会交往中最富有吸引力的因素之一，是女人内在文化修养和道德风貌的体现。女人美的气质不是靠先天的遗传，而是靠后天长期的培养而形成，它通过女人的言行举止、表情神态、仪表服饰等自然而然地流露出来。它较之外表美更含蓄，更能够显现一个人的精神。女人要培养良好的社交形象，就必须努力追求风度美。

可是，女人怎样才能使自己在社交中展示良好的风度呢？

(1) 要有饱满的精神状态

愁眉苦脸、心事重重的样子在社交场合是不受欢迎的；委靡不振、无精打采，会让别人感觉兴味索然，对你敬而远之。但若是精力充沛、神采奕奕，就能使对方感到你富有活力，交往气氛也就自然活跃了。

(2) 要有诚恳的待人态度

端庄而不矜持冷漠，谦逊而不矫揉造作，就会使人感觉你诚恳而坦率，交往兴趣也随之变浓。但如果你说话支支吾吾、躲躲闪闪，别人就会感觉你缺乏诚意而疏远你。

(3) 避免没有教养的行为

女人要在各种社交场合上给人留下美好印象，就一定要注意风度与仪态。

①不要耳语。在众目睽睽下与同伴耳语是很不礼貌的事。耳语可被视为不信任在场人士所采取的防范措施，要是你在社交场合老是耳语，不但会招惹别人的注视，而且会令人对你的教养表示怀疑。

②不要说长道短。饶舌的女人肯定不是有教养的女人。在社交场合说长道短、揭人隐私，必定会惹人反感。再者，这种场合的“听众”虽是陌生人居多，但所谓“坏事传千里”，只怕你不礼貌、不道德的形象从此传扬开去，别人——特别是男士，自然对你“敬而远之”。

③不要闭口不言。面对初次相识的陌生人，也可以由交谈几句无关紧要的话开始，待引起对方对自己谈话的兴趣时，便可自然地谈笑风生。若老坐着闭口不语，一脸肃穆的表情，便跟欢愉的宴会气氛格格不入了。

④不要失声大笑。不管你听到什么“惊天动地”的趣事，在社交场合中都要保持仪态，顶多一个灿烂笑容即止，不然就要贻笑大方了。

⑤不要滔滔不绝。在社交场合中，若有男士与你攀谈，你必须保持落落大方的态度，简单回答几句即可。切忌忙不迭向人“报告”自己的身世，或向对方详加打探，若如此会把人家吓跑，或被视作长舌妇了。

⑥不要扭捏作态。在社交场合，假如发觉有人经常注视你——特别是男士，你也要表现得从容镇静。若对方是从前跟你有过一面之缘的人，你可以自然地跟他打个招呼，但不可过分热情，或过分冷淡，免得影响风度。若对方跟你素未谋面，你也不要扭捏作态，或怒视对方，有技巧地离开他的视线范围即可。

⑦不要当众化妆。在大庭广众下打粉、涂口红都是很不礼貌的事。要是你需要修补脸上的妆，必须到洗手间或附近的化妆间去。

⑧不要大杀风景。参加社交活动，别人都期望见到一张张笑脸，因此纵然你内心有什么悲伤，或情绪低落，表面上无论如何都应表现出笑容可掬的亲切态度。

使你广受欢迎的十条规则

(1) 记住对方的名字。熟记对方的名字可使对方对你产生深刻的印象。这是因为姓名对于个人而言，可以说是最具代表性的。

(2) 尽量使自己成为一个随和的人，而且令人不致有压迫感。总之，你必须是一位态度轻松自然、毫不做作的人。

(3) 为避免发怒生气，训练自己面对任何事都能泰然处之，从容不迫。

(4) 不自私。无论任何事情都不逞强或力求表现，而以自然的态度去应对。

(5) 保持关心事物的态度。如此一来，人们会乐意与你交往，而受到关心的对方也会因你而得到鼓励。

(6) 尽量除去个性中不拘小节之处，即使是在无意中产生的。

(7) 努力化解心中的抱怨。

(8) 试着喜欢每一个人。尤其不要忘记威鲁洛加斯所言“我从未遇过讨厌的人”，并秉承这一信念努力实行。

(9) 对于友人的成功发展不要忘记表示祝贺之意。同样的，在友人悲伤失意时，也要致以同情之意。

(10) 对于他人应有深刻的体验，以便对他人有所帮助。若能尽心尽力帮助他人，他人也会对你付出关怀与爱心。

只要你按照上面的规则行动起来，就会成为受欢迎的人了。

第四章 好妻子是丈夫的左膀右臂

给丈夫一个梦想

一位妻子所能协助丈夫的，便是帮助丈夫找出对生命的渴求是什么，然后她才能与丈夫共同实现这些理想。永远不要失去目标，帮助他——你的另一半，不断向前迈进，这就是成功。

一位妻子所能协助丈夫的，便是帮助丈夫找出对生命的渴求是什么，然后她才能与丈夫共同实现这些理想。

有了方向标，才有成功的可能。萧伯纳说过，“我厌弃成功。成功就是在世上完成一个人所做的事，正如雄蜘蛛一旦受精完毕，就会被雌蜘蛛刺死。我喜欢不断地进步，目标永远在前面，而不是在后面。”

上大学是尼克·亚历山大最渴望达到的目标。他在孤儿院长大——那是一种老式的孤儿院，孤儿们从早上 5 点钟工作到日落，伙食既糟糕又吃不饱。尼克是一个聪明的小孩——太聪明了，因此 14 岁就从中学毕业，接着，他便开始谋生。他在一家裁缝店找到了操作缝纫机的工作。14 年以来，他一直在那种环境下工作。后来，那家裁缝店加入了工会，尼克工资提高了，工作时间缩短了。

尼克·亚历山大幸运地娶了一个女孩，她愿意帮助他实现上大学的梦想，但事情可不那么容易。在他们结婚之后不久，店里开始裁员，于是这对年轻夫妇决定自己去闯天下。他们把存款凑在一起，开了一家亚历山大房地产公司。尼克的太太特丽莎甚至把订婚戒指卖掉了，以便增加他们那笔小小的资本。在两年之内，公司生意兴隆，于是特丽莎支持尼克去上大学。他在 36 岁的时候得到了学位——这是人生道路上所抵达的第一个里程碑。

尼克又回到房地产事业——成为他太太的生意伙伴。他们又有了一个新目标——在海边买一幢房子。终于，他们也实现了那个梦想。

至此，这对夫妇就这样坐下来轻松享受了吗？没有。他们有一个小女孩要教育。如果他们能把他们商业大楼的分期付款缴清，把大楼变成公寓出租，收入的租金就能付孩子上大学的费用了。这个目标，他们终于也做到了。

特丽莎告诉我，他们目前正在为退休保险金努力。现在尼克单独工作，特丽莎则照顾家庭。亚历山大夫妇过着一种忙碌、幸福、成功的生活，因为他们前面总是有一个目标，使他们的努力有一个明确的方向。

作为妻子首先应该清楚地了解丈夫的目标，如果她要帮助他达成那些目标的话。不幸的是，有许多例子表明，双方在有所准备，打算创业时，却发现方向相左。不要以为你的丈夫知道自己的志向这就够了，你也应该加入他那长期的计划。

帮助丈夫成为“理想的自己”

查士德·费尔爵士的调查研究表明：事实上，每个男性都拥有两个自我——真正的自己和理想中的自己。一个妻子所能做的就是不要过分挑剔；不要将他和认识的人相比；不要加重他的工作负担，而应该温和耐心地加以鼓励和赞赏，使他对自己充满信心，应该尽力帮助自己的丈夫成为他理想中的样子。

查士德·费尔爵士的调查研究表明：事实上，每个男性都拥有两个自我——真正的自己和理想中的自己。

比如说，一个男性如果非常害羞，他就希望自己更勇敢些；如果他并不很受欢迎，那就希望被大家喜爱；如果他信心不足，就会渴望拥有大无畏的精神。

一个妻子所能做的就是不要过分挑剔；不要将他和认识的人相比；不要加重他的工作负担，而应该温和耐心地加以鼓励和赞赏，使他对自己充满信心，应该尽力帮助自己的丈夫成为他理想中的样子。

“当男性听到妻子诸如‘你真是了不起’‘我为你感到骄傲’‘我能拥有你真是幸福’的赞美，几乎所有的人都会觉得心花怒放，高兴得跳起来。”玛乔力·霍姆斯说。

千真万确！真诚的赞美和鼓励，是值得尝试且能使男人发挥出最大潜力的有效方法！而那些向丈夫说“你无论如何也不会成功”的妻子，只会使这句话更快地变成为现实，聪明的妻子，会用激励和赞赏鼓励丈夫尽快地达成自己的梦想。

许多成功男人的经历都可以证明这种说法的真实性。

举个例子，有一位公司总裁名叫派克斯，他现在拥有一家名叫派克斯装备和货运的公司。

他曾说道："我坚信：一个男人不但可以成为他理想中的人，而且也可以成为他太太所期望的人。这几年来，我曾雇佣过许多人，但在我尚未和他们的太太谈过话以前，我绝不会把一项需要信任或是负责任的职位交给他。妻子的人生观以及是否愿意鼓舞她先生士气的程度，可以决定一个男人在事业上的成败。我的经验就是一个例子。

"我太太在嫁给我以前要什么有什么，她生活富裕，受过良好的教育，有个快乐、幸福的家庭。而我没有钱，只受过很少教育，也没有可运用的资产。在当时，我除了拥有想要自己闯天下的欲望，以及她对我的信任与充满信心之外，可以说，我一无所有。

"在我们婚后头几年，我们一直过着清贫、困苦的日子，每当我遭受失败、挫折而感到气馁的时候，她都会不断地鼓舞和激励我继续努力奋斗。

"在我的一生中，如果说有什么成功的话，都是由于我太太不断给我激励和支持的结果。前几年，她患了重病，但她从来没有因此而灰心、失望或失掉她的快乐，她的最大牵挂仍然是怎样帮助我。每天早晨，我离家出门的时候，她从不会忘了问我：'亲爱的，今天有没有什么事要我办好的？'而且当我回家的时候，她就会耐心地听我讲这一天的情形。我会时常在内心里祈祷着：但愿我永远不会让她失望"。

然而不幸的是，生活中有些女人并不像派克斯太太那样，她们一心只想强求丈夫超过本身的能力范围，马上变成她们希望中的完美形象。这种女人渴望快速过上富有、逍遥、豪华的日子，希望不久就能住上别墅、开上宝马、穿着名贵的衣服、出入于各种豪华场所……可是事与愿违，由于欲求不切实际，她们的需要永远也无法满足。

促使男人进步的方法，不是要求他，而是不断地鼓励和赞赏他，这也是一个聪明妻子常见的行为。

有许多简单的方法，可以使一个亲切的女人带给她丈夫良好的社会基础。当然，这些技术也需要经常练习。卡夫柏大人的丈夫是美国新闻广播协会的会长，她在帮助丈夫方面真是机灵之极。她说自己已经被叫做“打岔专家”了，因为她有个第六感，知道何时应该打岔，以及如何打岔。

如果晚宴里的话题拐错了方向，她就会捕捉一个适当的时机说道：“汉斯，为什么你不谈谈有关某某将军的事情呢？”这使得每个人都有时间冷静下来，把不太愉快的话题转移开。她还懂得，如何使她那受欢迎的丈夫不至于过分地劳累。

有一次，在市政厅讲演以后，卡夫柏先生被许多听众包围。卡夫柏夫人知道如果讲演不马上结束的话，她的先生将会累惨了。于是，她站起来说道：“对不起，我有个问题。”然后她接着说，“卡夫柏太太想要知道，卡夫柏先生什么时候可以回家吃中饭。”听众都一致附和她了——于是卡夫柏先生才得以回家吃中饭。

还有另外一件重要的事情，可以使妻子造就出一个成功的丈夫——或者是造就出一个她希望将会成功的丈夫。但是，前提是双方拥有足够的爱心、敏锐及合适的时机。这就是，妻子要防止丈夫对于成功自满。

我们是否已经完全尽力了呢？要知道，如果真的这样，终有一天，我们将会失去两个丈夫里头的一个，而只留下另一个，就是那个理想中的他！

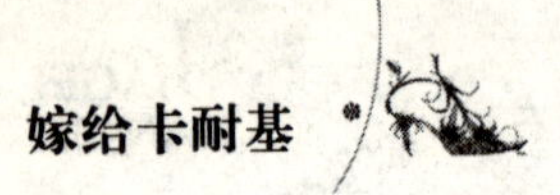

做丈夫的好帮手

对于丈夫的工作，太太可能并不能帮上什么特殊的忙，但如果能对他的工作有个了解，也可以使她更有耐心和同情心，从而成为一位更加聪慧和善解人意的伴侣。

如果夫妇双方的目标和兴趣一致，丈夫事业与婚姻双重成功的机会就更大了。不过帮助丈夫获得成功，本身是一个需要专业精神的工作。除非你相信帮助丈夫是一件非常重要、且必须付出你所有注意力的事，否则你没法帮助他。

以下是一个女孩子的真实故事，她本来认为自己的职业比较重要——直到后来一件事情改变了她的想法。

金发碧眼美丽的蔡泰·威尔斯，是著名的探险家卡维士·威尔斯的太太。在认识未来的丈夫的时候，她已经拥有非常满意的职业。作为一个成功的广播讲演的经纪人，她在与许多名人的接触中得到了无穷的乐趣。卡维士·威尔斯也是因业务关系与她相识的，卡维士爱上她并且和她结了婚——依照蔡泰的条件，她可以继续从事她所喜爱的工作，而且自由独立。

婚礼在3月举行。6月，卡维士·威尔斯要动身前往俄国和土耳其，去爬阿拉拉特山。蔡泰本来希望留在家里工作，但是等到时间接近的时候，她竟然没有办法自己独自留下来。“只这一次和你同去。”她说。于是他们就出发去探险了，那是一个充满艰难和挫折的梦魇——这次历险使卡维士写出了那本畅销书——《卡普特》。

当蔡泰回到自己的工作岗位以后，发觉工作和这次的探险经验比起来，真是太乏味了，她曾经和卡维士共享过出生入死的经验。于是在一年半以后，她又和卡维士一同前往墨西哥，去爬帕帕卡提白特尔山。这又是一次严酷的体能考验。蔡泰大部分的时间都在寒冷、饥饿、疲惫和无名的惊吓之中度过，但她同时也感到非常兴奋。

那座山峰上冰凉的寒风，吹走了蔡泰坚持要独立的最后一丝念头。她了解到，身为卡维士·威尔斯的妻子，比在自己的工作上所可能得到的任何程度的成功，都要更有价值。当他们从墨西哥回来以后，蔡泰就关闭了自己的办公室。她现在有时间跟着她的丈夫到地球最远的一端了——而这也正是她所做的事。马来半岛的丛林、非洲、日本、冰岛、克什米尔山谷，他们的生活就像是一部绚丽的游记。

一个女人不仅是丈夫最好的伙伴、朋友和安慰者，而且是丈夫最好的帮手，尤其在某些特殊的时候，从妻子那儿来的一点额外帮忙，的确可以给男人一种促动，能促使他走得更快、更稳。

至于你究竟能在哪些方面可以帮上丈夫的忙，这要看他工作的类型而定。也许他需要你能帮他做点文书工作，比如打字、写报告、处理信件；也许是接电话、为他开车、查图书或资料等等。总之，这些工作都可以减轻他的负担，使他留有更多精力做更重要的工作。如果你希望帮助你的丈夫，但又不清楚从哪里着手，你不妨就请他给你出个主意。

当然，如果你希望一个妻子有家务事要做，有小孩要照顾，又想努力帮助丈夫，那肯定会有不少的困难。可是，生活中就是有那么一些女人既能把这些家事都做好，又能有效地帮助自己的丈夫，因为她们都有一个很强烈的动机，就是想要给她们的丈夫一个额外的推动力。

贝拉·德拉斯太太就是这样做的，她的丈夫是一个诊所的医师。当他需要助手时，她便自动帮忙，直到他找到了一位合适的人选。她把工作做得非常漂亮，仿佛她一直就在那儿做事似的。她利用上午处理家务，下午则到诊所帮助她的医师丈夫。

“对路易丝来说，这仅仅是一件工作而已，”她的丈夫解释说，“对于每一位要我出诊，或是到诊所来的病人的健康，她和我同样关心。”

事实上，妻子为丈夫所做的任何工作，都具有特殊的意义，他们的兴趣会紧紧地结合在一起，不仅为了工作，也为了生活。这么有意义的事情，做妻子的怎么可能不尽全力去帮助丈夫呢！

安东尼·罗柏是位英国小说家，在他的作品出版前，除了他的太太，没有人曾经看过或是批评过一个字，他深有感触地说：“她的鉴赏力给了我最大的帮助。”法国作家道狄最初对结婚存有顾虑，因为他害怕婚姻会使他的想象力变得迟钝。后来，他认识了朱丽，开始消除了原来的顾虑，而且他最好的作品，都是在和朱丽结婚之后写出来的。朱丽对文学有着极高的鉴赏力，道狄非常信赖她的评论。他的兄弟说：“道狄写好的稿子，几乎没有一篇没被朱丽修改润色过。”

当然，如果一位妻子对自己丈夫的工作或职业没有一些常识性的了解，而想要给他适当的帮忙，这几乎是不可能的事。妻子们对丈夫的工作了解得越多，就越有可能给她们的丈夫以更多的帮助。

对于丈夫的工作，太太可能不能帮上什么特殊的忙，但如果能对他工作有个了解，也可以使她更有耐心和同情心，从而成为一位更加聪慧和善解人意的伴侣。

妻子对丈夫工作上的了解和认识，已经被公认为对丈夫的成功有着很大的激励作用，所以，目前许多公司都热衷于使他们雇员的太太们得到那些常识性的知识。

在《今日女性》杂志里，提到过这么一位女人，她参加了中西部一家制造家用器具工厂所主办的一次访问。当她观看她先生在机器旁工作的情景后，她产生了一个好主意。那天晚上，她询问丈夫，他的机器为什么不使用脚踏板来代替那个高过人头的杠杆，换个脚踏板将会节省许多时间和不必要的动作。她丈夫觉得这个说法蛮有道理，于是，第二天就把这个建议告诉了老板。这个建议很快被采纳，结果，工厂的生产力提高了大约20%，而这个创意也使他得到了350美元奖金。

既然做丈夫的把他生命中的大部分时间都奉献在事业上，做妻子的当然有权去了解任何一种占去他大部分时光的职业。更重要的是，做妻子的在必要的时候付出她的关怀和帮助，不仅可以帮助丈夫获得成功，而且也理所当然地得到了分享成功的权利。

相爱的人要并肩战斗

许多女人都认为，丈夫应该肩负所有的责任，不管时机是好是坏。她们忘了，有时候为了拖出陷在泥塘里的车子，当妻子的也需要付出额外的努力。

我们先来看这样一个故事。

柯门太太是一名护士。当她在1936年嫁给比尔·柯门的时候，比尔白天工作，晚上到夜间部上课，以便取得高中的毕业证书。为了使比尔不至于放弃夜间部的学业，柯门太太婚后仍然继续做护士。她很希望丈夫保持不缺课的纪录，所以在她生下小女儿的那个晚上，她仍然坚持丈夫在送她到医院以后赶去上课。在六年中，比尔从没有错过夜间部的一堂课。他终于在母亲、妻子和女儿骄傲的注视中，得到了他的毕业证书。

在比尔得到了推销不锈钢厨具的工作以后，妻子海伦就充当他的助手。他们在一起举办示范餐会，由海伦做菜，比尔推销。后来比尔的父亲去世了，比尔的兄弟得到一家印刷厂，比尔和海伦便从比尔的兄弟那儿买下了这家印刷厂。这时候，他们必须向银行贷一笔钱。于是海伦又去当护士，帮助偿还这笔债款，而每个晚上和周末，她都在印刷厂里当他的助手。“我很高兴，”她写道，“如果我们能够继续健康地工作，五年以内，我们将可以付清我们房子和生意上的债款。然后我将辞掉工作，为比尔和孩子们做好家务。”

在诸多的夫妻的关系上，有的就好比一主一仆，时间一长，毫无乐趣可言。婚姻的和谐，首先应该有一点儿合伙意识，好像合股的生意，夫妻共有，权力相等。假若总是由一方独揽大权，岂不成了“寡头公司”？

美满的婚姻好比一本共同的账，应该留神的是，不要让取出的总多过你存入的，感情上的赤字要比经济上的赤字难以弥补。男人的打拼需要女人的陪伴，帮助你的丈夫，鼓励你的丈夫，相爱的两个人应该是并肩战斗的。

在丈夫需要加班或是其他特别辛劳的时期，我们做妻子的，应该站在他的旁边给予他支持和关心，就像是个护士、保镖或精神支柱那样。只要我们静静地咬紧牙关，恢复正常生活的那天，就不再遥远。

前不久，我碰到了一位许久不见的老朋友，他看起来显得有些疲倦，情绪也有点低落。他向我倾诉道：“我不知道应该怎么办，六个月来，我一直在加班，想要替我们公司设立一家分公司，因此每天晚上我都很晚才回家。等到完成这项艰难的任务，我就可以像往常一样正常地上下班了。但老婆对我不能回家吃饭，以及我们不能一起出外逛街感到非常不高兴，这使我十分烦恼，总提不起精神来。要知道建立这个新公司，对于我们两人今后的生活是很重要的，但是，我没有办法使她理解这一点。我对她现在的情况非常担忧，工作时也会走神。”

这位可怜的朋友正承受着来自两方面的压力，难怪他会这么狼狈！

对太太来说，在丈夫特别辛劳的日子里，当然不可能像野餐时那么轻松愉快。但由于这些工作对自己的先生来说，可能是必要的或是令他着迷的。成功的嘉奖鼓舞着我们的丈夫，使得他们对于手边工作以外的任何事情都变得又聋又哑又瞎。即使身为太太的并没有感受到这种奖励，我们当妻子的人，也应该始终维护着他，就像是个护士、保镖或是精神支柱那样。此时，我们可以静静地咬紧牙关，期待着恢复正常生活的那一天。

假如我们遇到这样的日子，我们应该怎么做，才能使自己适应这些特殊的时光？我们应该如何帮助我们的丈夫，使他轻松地度过这样的日子呢？看看下面这些建议，或许对你有所帮助。

为他准备充足而富有营养的食物

要经常给他东西吃，但一次不要太多。如果他必须抢时间迅速吃完晚餐，并且工作到很晚，就试着在他拖着疲惫的身子回家的时候，为他准备好容易消化的小点心。比如烤苹果派、果汁、蛋糕、沙拉、芹菜和胡萝卜等等，这些东西都是易消化，又有营养的。如果他在家吃饭，就不要在他必须整夜工作之前强迫他吃过多不易消化的食物。你可以看些关于营养的书，或是找医师谈谈如何为他准备增加体力或精力的食物。

给你自己安排一些娱乐计划

你完全可以靠自己的能力在社交上变得蛮有分量。在不依赖丈夫的情况下，也可以使自己成为一个受欢迎的客人。在许多情况下，你可能会成为一名多余的人，你应该尽量避免这种不合适的场合。你完全可以靠自己的魅力，使自己在其他的聚会里，像五月的阳光那样受人欢迎。

把这个情况解释给老朋友们知道

把这个情况解释给老朋友们知道，他们就会了解为什么你的丈夫暂时离开了社交圈。

让他们觉得你是全心全意支持你的丈夫，并且赞成他所做的事。

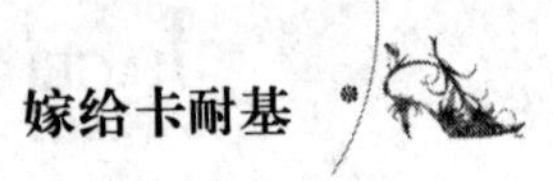

妻子的鼓励，男人的动力

鼓励对于男人，就像燃料对于引擎那么重要。来自你由衷的赞美和肯定，会满足他的自我期望，也使他内在的自我形象更佳。对赞美激励，每个人都不嫌多，越多越好，要大肆地甚至是过分地给予。

让你的丈夫对工作产生热忱，热忱是工作的动力。就连诺贝尔奖获得者工作都需要热忱，你的丈夫当然也需要。

已故的佛里德利·威尔森曾是纽约中央铁路公司的总裁。有一次，他在广播访问中被问到如何才能使事业成功，他回答："我认为，一个人的经验愈多，对事业就愈认真，这是一般人容易忽略的成功秘诀。成功者和失败者的聪明才智相差并不大。如果两者的实力半斤八两的话，对工作较富热忱的人，一定比较容易成功。一个具实力而富热忱的人和一个虽具实力但不热忱的人相比，前者的成功也多半会胜过后者。"

"一个热忱的人，不论挖土或者经营大公司，都会认为从事自己的工作是一项神圣的天职，并怀着浓厚的兴趣。对自己的工作热忱的人，不论工作多么困难，或需要多么艰苦的训练，始终会用不急不躁的态度去进行。只要抱着这种态度，任何人都会成功，一定会达到目标。"

到底，我们应该怎样鼓励一个男人，才能促使他成为理想中的样子呢？答案是：不时地给予他激励和赞赏，并协助他找出并发挥自己的潜能和才华。

如果他需要建立信心，我们便可以多提他曾做过的那些有勇气的事情。一个做妻子的人，永远不可以对她的丈夫说，“你失败了。”玛格丽特·卡金·芭宁在写给《四海》杂志的一篇文章里如此劝告做妻子的人，“如果他真的失败了，他的老板将会毫不迟疑地告诉他这一点。但是在家里，在早餐桌旁，在床上，我们应该勉励他，说些‘人人都可以成功’之类的话。

“那些不断地向丈夫说‘你无论如何也不会成功’的话的妻子，只会使这句话更快地变为现实而已。”

这是千真万确的！一个明智女人所说的话可以改变一个男人的一生！

你认为很夸张吗？让我们看一下艾利·卡柏森的例子。

他是个杰出的桥牌手，有一次，卡柏森先生在访问中告诉我的丈夫，说他 1922 年刚到美国的时候，不管做什么尝试，最后都以失败告终，甚至他曾是个最差劲的桥牌手，几度考虑要放弃桥牌这个职业。但是，当娶了迷人的桥牌老师约瑟芬·狄伦以后，他的一生终于有了改变。她说服他，使他相信自己是个深具潜力的桥牌天才！由于太太的鼓励，他最终选择桥牌作为自己的终生事业，而桥牌史上也因此多了一个天才式的人物。

不过，不要过分要求你的丈夫，凡事不能过头。彼德·史坦克隆博士在他那本《如何停止谋害你自己》的书中，责备那些过分逼迫自己丈夫的妻子——她们要自己的丈夫永不休止地努力，以争取比她们的邻居有更多的钱、更好的名声和更高的生活水准。“这种女人，”史坦克隆博士说，“天生就是追求名利的人，或是因为受到熏陶才得到了这种特性。我曾经看过这种人破坏了许多家庭的幸福。”

鼓励你的丈夫发挥他的天赋，对他过多地束缚与抱怨，只会使他离成功越来越远。如果你希望你的丈夫获得最高的成就，你就鼓励他，爱他，和他一起工作。但是一定要当心，别把他逼得太急，或者是迫使他做超出自己能力的工作。

除了工作上的激励外，在丈夫对待你的问题上也可以采取同样的方法。大多数好男人，其实很愿意为女人做事的。即使他没想到，她告诉了他，他还是会尽心尽力去做的。但做得好不好，做多还是做少，很大程度取决于你自己。男人最头痛的大概就数给女人买礼物了。如果情人节买一束花，你心里虽然很喜欢，嘴上却说："你就会拣便宜货。"可想而知，以后要再有下文就难了。不管他为你买什么，能透过那些物质看到后面一颗爱你的心，并对那颗心存着感激，便很好。即使不是一颗很爱你的心，但有了种子，你还怕它不开花结果吗？因此，作为妻子，最重要的不是告诉丈夫应该为你做些什么，而是要寻找到激发男人的支持系统，让他乐于向你表达心中的爱恋。

其实，每个人都希望自己在对方心中是最美好的，来自你由衷的赞美和肯定，会满足他的自我期望，也使他内在的自我形象更佳。对赞美激励，每个人都不嫌多，越多越好，要大肆地甚至是过分地给予。

做丈夫的"宣传大使"

任何一个高明的宣传员也比不过一个聪明的妻子。人们对你丈夫的印象，往往从你对他的态度中体现出来。

前一段时间，我想了解一下有关家电冷却系统的问题，于是打电话给本地的一位家庭用品经销商，接电话的是他的妻子，她对我说："卡耐基太太，关于冷却系统方面的问题，我只是大致了解一些，但是我丈夫非常清楚这方面的问题，是个真正的专家。如果你愿意的话，我会安排他到你府上看看，也许他可以帮你推荐挑选一种你需要的冷风机。”

由于他的妻子对他的信任，我也不约而同地相信了这位男士——尽管这种信任毫无道理。当他到我家里来检查的时候，他所做的就是随便看看，然后做成了一笔交易。这件事难道还不能说明问题吗？多罗西·迪克斯就说过：“我们平时产生的那些看法，比如觉得琼思先生是个了不起的人物，史密斯先生是个伟大高明的医生，完全是因为他们的妻子就是这么说的。”

的确如此，别人对你丈夫的印象，往往反映出你对丈夫的态度。

人都有一种倾向，会依照人们给他们的性格去生活。如果对一个小孩子说他很笨拙，他就会比从前更加迟钝；赞美他的礼貌，他的态度将会更加改进。和人相处时，假设他已经成功地那样对待别人，那么，在无意间，他就会开始表现出获取成功的能力。

专业人员的妻子，似乎特别精于替她们丈夫的能力创造出有益的印象。“我很希望我们能够出席宴会，”她们会伤心地告诉你，“但是毕尔现在忙死了，他正要处理有名的琼斯公司的诉讼事件。”她们也会有意无意地说出类似这样的话：“下星期鲍伯必须在本区的医学讨论会上讲演。他太忙了，连我都很少看到他呢。”这些女士随口说出的几句话，就创造出一种心理印象，仿佛她们那些年轻有为的丈夫必须使用球棒击走一个个诉讼委托人（或病人）后才有喘一口气的机会。

也许，妻子们很少有机会能够在工作业务上帮助丈夫获得进展，但是只要她努力，就能使丈夫在社交上广受重视。社交接触常常会带来有价值的商业伙伴，因为大部分人都喜欢和朋友合作共事，而不喜欢和陌生人在一起。不管他是卖保险、开飞机，或是经营小生意、为名人写专栏，或是主持一家大公司，一个人只要受到别人的喜爱，就会得到许多事业上的好处。如何帮助丈夫结交朋友，而且受到大家普遍的喜爱呢？以下有几个方法。

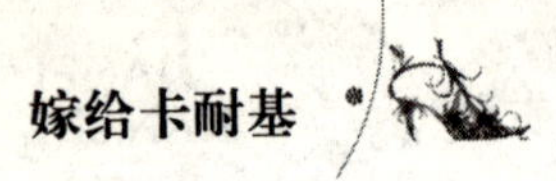

帮助丈夫展现出他的才华

有些女人以为，炫耀丈夫的方法，就是要炫耀自己。例如，如果可能的话，她们就想穿貂皮大衣来炫耀。要使丈夫引起别人的兴趣和注意力，最简单的方法就是在自己家里举行宴会，让丈夫得以表现他所拥有的任何特殊才华，如果这些才华能够使别人得到乐趣的话。每天待办的业务工作使人很难有机会展现出压倒大众的才能——但是宴会是最完美的机会。

加州格连载尔城有位亲切、聪敏的卡梅隆·西普，他是著名的舞台和银幕人物的传记作家。卡梅隆天生喜好和朋友交往。通常，他的妻子凯瑟琳总在他们的院子里宴请朋友。在这儿，卡梅隆可以用木炭烤架做他最拿手的烤牛排，并且说一些机智的笑话。

纽约的约瑟夫·福来斯是一位成功的小儿科医师，同时也是一位天才的业余魔术师。来到福来斯家里的宾客，常常会观赏到一场即兴的魔术表演。约瑟夫是表演明星，而他的妻子玛丽琳就充当助手——有时候他们的两个小儿子也帮忙和助阵。

这些有吸引力的男人，很幸运地拥有支持他们的妻子，她们愿意隐藏自己，让社交场合里的注意力完全集中在她们丈夫身上。她们把自己隐藏起来，使丈夫出人头地。她们情愿扮演次要角色，这比起他们两人同时要表现出各自的优点，会获得更深更远的美满。

表现丈夫最大的优点

在业务上受人器重的人，到了社交场合就哑口无言了，这种事情是常会发生的。他没有谈天的经验，也不知道应该从何说起。一个机灵的妻子就是这种男人最好的朋友了，她能够很自然地引领自己的丈夫参加谈话，使他毫无困难地接着说下去。

如一位妻子在丈夫接不上话时说道：“那使我想起了上个星期吉姆

和一个顾客在一起谈的事。他告诉你什么呢，吉姆?”这是一招好棋，可以使吉姆很自然地说下去。如果谈起了最感兴趣的事情，即使是世界上最害羞的人也不会再畏缩了。

除了创造机会使丈夫发挥出优点外，一个富有魅力的妻子还会非常得体地宣传丈夫的优点。

几年前，牛仔歌星吉尼·奥特利在麦迪逊广场花园举办了个人音乐会，当时他的演艺事业如日中天，拥有无数的歌迷。有一天晚上，我和丈夫去采访他，正巧，他那美丽的妻子伊娜也在那儿。在表演台出口处，我们正要和吉尼以及他的妻子伊娜一起去吃晚餐，但是，有一群年轻的歌迷把我们挡了回来，他们热切地想要吉尼的亲笔签名。尽管晚餐的时间非常短，吉尼还是很乐意地和年轻人打招呼，并耐心地在他们的节目单上一一签名。

他的妻子不仅没有因为这个耽搁感到懊恼，还笑着说：“吉尼从不会对任何人说‘不’，尤其是对年轻歌迷们。”

伊娜那个脱口而出的说法，比起一大堆杂志的宣传广告更有效，恰到好处地透露她先生待人的友善、热情和亲切。

将丈夫的缺点减到最低限度

一个妻子除了能够使别人注意到她丈夫的长处外，还可以将丈夫的缺点降到最低的限度。我们每个人都有自己的缺点：贝多芬是聋子；拜伦脚是跛的；拿破仑害怕在大众面前发表讲演；甚至连勇猛无比的英雄阿基里斯在脚踝上也有一处致命的弱点。

问题在于，男人的错误有时候会阻碍了他的前程，但是女人的错误就只会影响到她的家庭和社交上的成功。例如，每一位商界人士可能都会认同，记住别人的姓名和容貌是一项多么重要的能力，然而他们大部分人还是很难做得满意。与其为丈夫差劲的记忆力感到遗憾，妻子们倒不如训练自己去记住那些名字，当发觉丈夫有点犹豫不决时，赶快帮他个忙。

就像许多大忙人那样，我的丈夫也觉得记住那么多名字是非常困难的一件事，所以我们就一起设计出一个简单的办法。每当我们要去会见许多人的时候，我就事先想办法查出其中一些人的姓名，然后引导他。于是，我会尽量在谈话中重复提起我们遇到的人的名字，使他能够听见。比如，“戴尔，你记得鲁滨孙夫人吧?!她刚才告诉我有关雷克·路易斯的事，”或“你最近到过那儿吗，鲁滨孙太太?”

这虽然只是个简单的小技巧，却能使丈夫从许多困窘和尴尬中解救出来。当然，为了帮助丈夫，我们必须不怕麻烦地训练自己去倾听和记下许多名字，因为，我们往往比他们更有时间去做这件事。任何一位妻子有了想要如此做的欲望，都可以使自己成为丈夫最有价值的记忆帮手。

如果妻子愿意，她还能够弥补丈夫某些训练上或是教育上的缺陷。许多自学成才的大人物都是由于他那有学识与有教养的妻子的帮忙，才能获得成功。安德鲁·约翰逊总统的妻子在结婚以后才教他读书和写字的。

现代许多人已经被自己的专门学识局限了，没有机会或空闲学习其他东西。如果他们的妻子能够在一群人谈及音乐、文学及相似话题的时候应答如流，他是多么幸运。有些男人太谦虚了，这对他自己不见得好。如果你的丈夫就是那种习惯于看轻自己成就的人，那就会有一种危险，别人也许会认为，他确实不是一个有才干的人。

虽然你的丈夫所带给他人的印象不能正确地代表他的内在价值。但是，这个印象的确会影响别人对他的看法。所以，你何不帮助他给旁人留下一个好的印象呢?

当丈夫有了女秘书

好秘书和尽责的妻子都有一个共同的目标，那就是男性的事业。两个人都同样希望他的事业成就辉煌。如果她们能够消除对立，朝着共同的目标携手努力，就可把成功的速度加快。

男性最亲近的朋友是谁呢？很简单，自然是他的女秘书，就如同女孩最要好的朋友是自己的母亲一样。一个称职的女秘书应该最大限度地考虑老板的利益，必须促使老板的工作顺利完成，同时安排各种琐事。她要清楚老板的想法，如果他受到打击，要马上想办法解决。

女秘书大多时候就像个经纪人。不过假如没有女秘书周到的服务，商业的巨轮也不会运转得这么平顺。因此，一个好秘书也是男性事业成功的重要因素。为什么要这么说呢？原因只有一个，好秘书和尽责的妻子都有一个共同的目标，那就是男性的事业。两个人都同样希望他的事业成就辉煌。如果她们能够消除对立，朝着共同的目标携手努力，就可把成功的速度加快。

但是，很遗憾，妻子和女秘书常常处于对立。有时一方产生猜忌，更有甚者，两个人同时嫉妒对方的影响。女秘书可能觉得妻子多管闲事，而妻子也会埋怨丈夫依赖着另一个女性。在这种情况下，是否能够维持良好的关系主要由妻子的态度来决定。因为即使是为了保住自己的工作，秘书也希望和每个人相处融洽。做妻子的一旦明白这个道理就能够观察出一些规则，总结出一些减少摩擦的经验，来加强彼此间友善的关系来促进合作。

首先，不要猜疑女秘书。虽然丈夫在妻子的眼里很有魅力，值得追求，但这并不表明，他的女秘书就会真的追求他。女秘书对于老板的感情仅仅限于欣赏，很少会动真情。

妻子应该明白，如果业务上出现问题，丈夫一定会加班工作，和女秘书一起在办公桌旁冥思苦想，并不是两人偷偷摸摸地跑到夜总会去喝香槟。恰恰相反，如果丈夫有女秘书陪伴，而不是独自一人工作，身为妻子值得庆幸，因为在适当的时候，有人会提醒他不要因为工作而忘记吃东西。

其次，不要嫉妒女秘书。由于业务上的需要，在外做事的女孩子需要打扮得漂亮一点，当妻子的如果想要打扮得同样迷人，也没有任何问题。在这一方面，妻子具有更多的优势，比如有足够的时间和金钱花费在装饰上。与其嫉妒女秘书，倒不如把自己打扮得更加漂亮时髦。

相对于乏味而不具吸引力的女秘书，大部分正常的男性更喜欢欣赏漂亮的女孩子。任何人都喜欢在迷人的环境里工作，这是很自然的想法，并不同于一头色狼瞪着它贪婪的眼珠子。漂亮的女孩子好比一瓶新鲜的玫瑰花，使办公室焕然一新的同时也能改善办公环境。

有些太太觉得女秘书的工作太轻松了，每天什么也不做，只需要打扮得花枝招展地坐在办公室里对男性甜言蜜语，就可以领到薪水。对此她们感到非常不平衡，十分嫉妒。

其实，有很多在外面工作的聪明的女孩子，都期待结婚后能够放弃工作，安安心心在家里当太太，照顾家庭和养育子女。因为，做一个好秘书也很不容易，她必须付出和家庭主妇同样的辛劳，却得不到同样多的回报。

因此，做妻子的要用正确的态度来对待女秘书，要改变高高在上的姿态，以平等友善的面貌与女秘书相处。

保留属于自己的空间

留点秘密给自己并非有意欺骗。让人背离坦率、忠诚的原则，只是要你说话前多思考，以免祸从口出，或破坏了一段不可多得的爱情。

一个女人在订婚前夕，坦诚告诉未婚夫往昔的情感经历，结果换来的是一场无疾而终的婚姻；一对原本恩爱的夫妻，只因妻子无意间邂逅了初恋男友，被丈夫知道后，从此，怀疑与不信任瓦解了浓情蜜意，生活充满吵闹。

到底夫妻或恋人之间该不该坦诚，能不能有所保留？相信百分之八十以上的人认为不该把自己的过去毫无保留地全盘托出，这不禁令人感慨，是人本多疑，使得人与人之间的信任脆弱得不堪一击，还是在自我的前提下，让每个人学会了保留？

其实，每个人都有自己不同的人生经历与境遇，所交往和接触的人也都不一样，因此，每个人都会有自己的隐私，恋人、夫妻也不例外。留点秘密给自己会让你的生活少一分猜疑，多一点快乐。当然，留点秘密给自己并非有意欺骗。让人背离坦率、忠诚的原则，只是要你说话前多思考，以免祸从口出，或破坏了一段不可多得的爱情。这也体现了人与人之间的一种相处艺术，掌握好分寸，你就会拥有好的人缘。

当然，这绝不是鼓励夫妻、情侣之间存在“欺骗”行为，任其成为彼此关系的绊脚石，但当某些话或事必须保留才不会影响到彼此的感情和生活时，不妨留点秘密给自己。然而，所谓的“保留”应是出于善意的原则，而非故意作出伤害彼此关系的行为，否则，便是欺骗了。

一个聪明的女人具有非凡的创造力，她会用全新的生活去覆盖自己的过去。留点秘密给自己，女人就多了一分魅力，而要想使自己的魅力保持得更长久，适当保留一些秘密更是必需的，同时，这也是一种生活的艺术。

现实的婚姻目标

好的爱情有韧性，拉得开，但又扯不断。相爱者互不束缚对方，是他们对爱情有信心的表现。谁也不限制谁，到头来谁也离不开谁，这才是现实的婚姻目标。

许多不快乐的婚姻是由于夫妻双方不肯真正地分享感觉，因此他们的关系变得虚假不实。亲密关系的目的，在于保有原已存在的亲昵，使其变得更趋亲近。自我肯定训练之中，“亲密”意即分享更多个人感情、幻梦、思想、观念的能力，同时，要让他也更能说出他的感情、幻梦、思想与观念，同时这种分享的能力必须愈来愈强。夫妻间互相信赖，并且喜欢与对方在一起，两人也都觉得可以自在地做个“自己”，表现自己的个性。

拉萨若斯博士说：“婚姻之中，由于身体的持续接近，共同分担许多重负与责任，因而需要某种程度的情感隐私。如果理想的友谊是A到Z的关系，理想的婚姻就应进展到A至W，不能再超越了。婚姻并非占有，双方都有权拥有独立性、情绪的隐私与心理活动的相当自由。唯一的条件是在伸展自由与个性时，不要侵入另一半的领域。”

夫妻之间，就像是冰天雪地里的两只刺猬，因为天气太冷，想以身体的靠近取暖，但一方的刺扎到另一方的身体时，大家都感到疼痛难耐，只好分开。可是天气越来越冷，为了取暖，两只刺猬不止一次地尝试靠近又分开，如此反复多次，终于找出不会刺到对方，又能取暖的恰当距离。

这个比喻告诉我们，夫妻之间的距离一定得掌握好：太接近了容易伤害对方，太远了又感受不到对方的关怀，最恰当的是有点距离又不太远。然而，在现实生活中，这个距离并不是那么容易把握的，稍不留意就会有所偏差。

针对夫妻矛盾，有人设计了一个方案，名曰“开放的婚姻”。然而，婚姻无非就是给自由设置一道门槛，在实际生活中，它也许关得严，也许关不严，但好歹得有。没有这道门槛，完全开放，就不成其为婚姻了。婚姻本质上不可能承认当事人有越出门槛的自由，必须把婚外性恋和婚外关系视作犯规行为。

与“开放”相比，“宽”或许是婚姻关系的一个恰当尺度。所谓“宽”，就是两个人不要捆得太紧太死，要给爱情留出自由呼吸的空间，它仅仅着眼于门槛之内的自由，其中包括独处的自由，关起门来写信、写日记的自由，和异性正常交往的自由等。至于门槛之外的自由，它便很明智地保持沉默，知道这不是自己能力管辖的事情。

人与人之间必须有一定的距离，相爱的人也不例外。婚姻之所以容易成为悲剧，就因为它在客观上使得这个必要的距离难以保持。一旦没有了距离，分寸感便会丧失，随之丧失的是美感、自由感、彼此的宽容和尊重，最后是爱情。

结婚是一个信号，表明两个人如胶似漆融成一体的热恋有它的极限，然后就要降温，适当拉开距离，重新成为两个独立的人，携起手来走人生的路。然而，人们往往误解了这个信号，反而以为结了婚更是一体了，结果纠纷不断。

好的爱情有韧性，拉得开，但又扯不断。相爱者互不束缚对方，是他们对爱情有信心的表现。谁也不限制谁，到头来谁也离不开谁，这才是现实的婚姻目标。

会爱比爱本身更重要

曾经，人们都以为爱是最珍贵的拥有，爱是至高无上的礼遇。随着时光的流逝，经过现实的考验，更多的人已经开始改变这种观念，他们渐渐地接受了另一个观念，那就是：会爱，比爱本身更重要。

一个女人如能时时关怀她所爱的男人，那他在远离她及家人单独工作、生活时也会让人放心和可以信赖；一个女人如果善于关怀男人，也就会带动他去关怀、理解他身边的人；一个会爱男人的女人，也一定是个有信心和有魅力的人。

爱人就是爱人

爱人就是爱人，只要去爱，不要拿来与人比较，不要在丈夫面前总说别人的丈夫如何如何好，别数落他没出息，你是他最亲密的人，爱他一定要尊重他。对大多数男人来说，赞赏和鼓励比辱骂更能让他有奋斗的力量。因此，即使是在吵架时也不可以出口伤人，言语的伤口有时一生都会在流血。身体的伤害很容易治愈，精神的伤害后果是可怕的。

不要总摆脸色给对方看

女人在生气的时候是很丑陋的。人无完人，对方性格上会有缺点，生活细节会与你不同，令你不满意，但他工作上已有很多压力，在你面前，他需要放下面具，做回自己，做个普通人。因此，不要对他的小毛病斤斤计较，动不动就摆脸色给他看，宽容才是做人和对待婚姻应有的态度。

别戳破他的牛皮泡泡糖

男人大多喜欢吹牛，因为这样做可以让他们得到一点力量，找到一点自信，好继续人生征程下面的拼搏。虚拟的成就感能让他心情明朗起来，没人喜欢自己一无是处。和妻子在一起，在床上是身体的放纵，谈话是心灵的放纵，只要爱人得到快乐，轻松一点装傻附和他一下不是很好吗?

以柔克刚

男人为何喜欢温柔的女人，因为他们虽然外表坚强，但内心很脆弱，他们需要妻子柔情似水，轻怜蜜爱。只要你有优雅的外表和气质，有含情脉脉的眼神，以柔克刚就是轻而易举的事。

妻子最值得的付出

一个妻子如果愿意为了丈夫、为了家庭放弃一些个人的爱好，她所得到的补偿将远远多于那些付出的小牺牲，这是女人最值得的付出。

许多深爱丈夫的女性并不知道如何让自己的丈夫得到幸福快乐。尽管她们内心深处蕴藏着天底下最浓的爱恋，却往往做着这样的错事：当丈夫要出门的时候，仍然紧紧缠住他不放；当应该安静下来听丈夫说话的时候，仍然喋喋不休；当处理家庭事务时，又像个严厉的军训教官。

其实想要得到男性的欢心并不困难，远远没有女性装扮自己那么费心思，只要像准备一次舞会那样机智、肯动脑筋、肯努力就可以了。当然这样并不是说，我们不应该打扮收拾，而是想提醒那些过分注意自己装扮的女性，不要忘记表现出自己对丈夫的关心。那些懂得如何获取丈夫欢心的女性，完全不必担心自己失去了迷人的青春、姣好的身材，因为她们能够牢牢地抓住丈夫的心。

每一位出色的女秘书，都会研究老板的嗜好，知道如何使他高兴。她知道他喜欢的东西，也知道什么东西会让他勃然大怒，还有，知道在什么环境下能将工作完成得更出色。甚至她会改变一些个人嗜好，使老板看自己更顺眼。如果老板喜欢自然的装扮，她就会改用无色透明的指甲油。其实，太太们也能够从秘书的工作中学到一些诀窍，能够像为老板工作那样为自己的丈夫做同样多的事情。幸福成功的婚姻，都是建立在妻子愿意勤奋学习如何使丈夫快乐的基础之上的。

每当罗斯福总统出去演讲时，总是喜欢有儿女们跟随在身边，因为这样能够减轻他在极为紧张的行程中的压力。当罗斯福夫人接受采访时告诉我，通常她会安排孩子们轮流陪父亲出去，几乎每隔两个星期就轮换一次。这种安排让总统十分高兴。她说："我们的旅途之中，总会发生许多家庭趣事，笑声总是持续不断，因此我丈夫很容易胜任繁重的工作。"

另外，艾森豪威尔总统的夫人也说过，一个妻子最主要的工作就是用点点滴滴的小事为别人创造幸福。其实，这些小事并不是真的很小。"培养出最好的风度，必须先要做出一些小牺牲。"是柴斯特费尔德说过的一句话，同时这也是婚姻幸福的秘诀。一个妻子如果愿意为了丈夫、为了家庭放弃一些个人的爱好，她所得到的补偿远远多于那些付出的小牺牲，因此是十分值得的。

约瑟劳尔·卡巴布兰加先生曾是古巴的外交官，也是世界闻名的国际象棋冠军。卡巴布兰加先生非常机智灵巧，是个受欢迎的人。就和许多超凡卓越的男性一样，他也会顽固地坚持自己的想法。卡巴布兰加先生的遗孀——奥嘉·卡巴布兰加夫人认同上面的说法，并那样做了，因此他们的婚姻非常幸福美满，享有浪漫的爱情和彼此的尊重。奥嘉·卡巴布兰加给丈夫带来了很多快乐，所以有时候，卡巴布兰加先生也会放弃自己坚持的看法来取悦于她。她只不过做了些"小牺牲"就获得了这些奇迹。当卡巴布兰加先生心情烦躁时，她便一句话也不说，让他独立思考，从不会唠唠叨叨地激怒他。奥嘉·卡巴布兰加本来很喜欢那些迷人的社交舞会，但她的丈夫喜欢留在家里，于是她心甘情愿地放弃了社交舞会；卡巴布兰加先生不喜欢她穿的衣服，她马上会换一件他喜欢的；奥嘉本来只喜欢看轻松一些的书，她丈夫却喜爱哲学和历史方面的书，于是她也十分认真地看了丈夫喜欢的书，这么做是为了"欣赏和领会他的意图，从而跟上他的思想"，就像她对我所说的那样。

她的这些做法得到了什么？丈夫是否会因此感谢她？继续看下去，

很快你就会明白。卡巴布兰加先生原本认为，世上最可笑、最矫揉造作的事莫过于赠送礼物。但是有一年的情人节，他为了对妻子表达爱意，特地送给太太一盒大大的、无比漂亮的巧克力，当时他居然像个小学生一样红着脸。奥嘉高兴得无法描述，那么理智的丈夫竟然送了这样一件完全没有理性的礼物，难得的是卡巴布兰加先生真心地喜欢它。从此以后，卡巴布兰加先生的乐趣里面又加了一项——送礼物给自己的太太。有一次，他特意花钱请一名职员加了两个小时班，将一小瓶香水用一连串大小不同的盒子包装起来，只是为了要看看太太打开盒子时脸上的幸福光彩。

卡巴布兰加太太用心地创造丈夫的幸福，而她的丈夫为了感激她的牺牲，也在用心博取她的高兴，并从中体会到快乐。这样看来，他们的婚姻会这么成功就毫不奇怪了。

卡巴布兰加太太的例子说明，能让丈夫快乐的妻子，也能从丈夫那里得到快乐。著名的迪斯雷力的妻子也有同样的感觉，她自豪地告诉她的朋友们："一直以来，我的生命是永恒单纯的幸福，为此我感激丈夫的体贴。"

对一个男性来说，只要他觉得舒适，并能按自己的想法从事喜欢的事，他就会感到快乐幸福，所以妻子们很容易就能做到这些。当然，这句话的意思也包括，让自己喜欢丈夫的消遣和娱乐方式，按照丈夫的喜好改变自己。不管我们怎么做都应该明白，只要丈夫觉得快乐幸福，那么他在社会上获取成功的机会更大，这也是我们所能作的最大的贡献。

第二章 魅力妻子的品格

给他最坚定的信任

每一个男人都需要一个信徒，一个在环境不利的时候，护卫着他的女人。当诸事不顺、处境危急，或面对失败的时候，男人需要一个给他力量和信心的太太，让他知道没有任何事情能够动摇她对他的信任。

每一个男人都需要一个信徒，一个在环境不利的时候，护卫着他的女人。当诸事不顺、处境危急，或者面对失败的时候，男人需要一个给他力量和信心的太太，让他知道没有任何事情能够动摇她对他的信任。

19 世纪末，底特律的电灯公司以月薪 11 元雇用了一名年轻的技工。他每天工作 10 小时，回家以后，还常常花费半个晚上在屋后一间旧棚子里工作，他想要设计出一种新的引擎。他的父亲是个农夫，却认为他的儿子正在浪费时间。邻居们都说，这位年轻技工是个大笨牛。每个人都在取笑他，没有人认为他笨拙的修补能够造出什么东西来。除了他的太太，没有人相信他。

当白天的工作做完以后，他的太太就在小棚子里帮助他研究。冬天，天色很早就暗了，他太太提着煤油灯为他照亮，使他能够工作。他太太的牙齿在寒冷中颤抖着，手冻成了紫色，但是她相信他先生的引擎总有一天会设计成功，所以她先生称呼她“信徒”。

在旧砖棚里艰苦工作三年以后，这个异想天开的稀奇玩意儿终于成功了。1893 年，在这个年轻人 30 岁生日的前几天，他的邻居们都被一连串奇怪的声音吓了一大跳。他们跑到窗口，看到那个大怪人——亨利·福特和他的太太，正乘坐着一辆没有马的马车，在路上摇晃着前进。那辆车子真的可以跑到转角那么远而又跑回来呢！一个新工业在那天晚上诞生了——一个将会对这个国家有很深影响的工业。如果亨利·福特是这个“新工业之父”，福特夫人这位“信徒”，就是当之无愧的“新工业之母”了。

50 年以后，福特先生，这位相信灵魂轮回再生的人，被问到他下一次出生时希望变成什么。“我不在乎，”福特先生说，“只要能够和我太太在一起。”他终生都称他的太太为“信徒”，而且希望永远和她在一起。

信任是这样一种积极而神奇的动力，始于信任的行为，不承认暂时的失败，它会保持人的信心，直至他取得成功。

罗勃·杜培雷的经历就是一个极好的例子。

罗勃·杜培雷一直梦想着要做个出色的推销员。终于有一天，机会来了，他开始涉足保险推销。但不幸的是，不管多么努力，他的业绩丝毫也没有起色。他开始忧虑，尤其对没有卖出的保险感到担忧。由于过度的紧张和忧虑，最后，他觉得自己必须辞职来避免精神崩溃。他告诉我：“当时，我觉得我完全失败了，但是我的太太认为这只是暂时的挫折，‘下一次你将会成功，’她不断地劝慰我，‘不要担心！罗勃，我知道你完全有能力成为一名成功的推销员的。’”

后来，罗勃和太太一起在一家工厂里找到了工作，在这期间，他太太从不让罗勃忽略自己的衣着打扮和谈吐举止。

他说："在接下去的一年半的时间里，我太太总是不断赞美我的美好气质，并且指出我具有适合于推销工作的天赋，这是一些甚至连我自己都不知道的才华！如果不是她持续不断地鼓励，我可能会放弃再试一次的想法了。我太太不愿意我放弃自己的梦想，'你具有这种能力，'她一次又一次地这样激励我，'只要你努力，就能够办到！'

"我怎么能够辜负她如此深切的信任呢？她终于成功地使我恢复了对自己的信心。于是，我离开工厂重新从事推销工作。这一次我对自己信心十足，自然，此时我仍然会有一段艰辛的路要走，但是，感谢我的太太，至少我已经上路了。她已经使我深信，只要我真想达到目标，我就能够达成。"

如果我要雇用推销员的话，我会认为一个有着这样太太的男人，是最值得试用的。这种信徒式的太太不会让自己的丈夫承认失败。如果他遭遇挫折，她便会适时地鼓舞丈夫，清除掉他身上失败的阴影，然后再激励他重回到激烈的竞争中去。

伟大的俄罗斯音乐家谢尔盖·洛柯曼尼诺夫，25 岁的时候就已是个成功的作曲家。一次，由于过分自负，他写了一首很不成功的交响曲，结果，他觉得十分泄气，陷入了一段郁郁寡欢的日子。

最后，朋友带他去看一位名叫尼可拉斯·达尔的心理专家。达尔医师一次又一次地反复向他灌输这个想法："你的身上潜藏着伟大的东西，等待着你向全世界展示出来。"

渐渐地，这个想法在洛柯曼尼诺夫心里生了根，终于唤起了他对自己的信心。在第二年年末到来之前，已经完成了他那首伟大的C小调第二号协奏曲，并且把这首曲子献给达尔医师。当这首曲子首次公演的时候，听众们都喜爱得发狂。于是，洛柯曼尼诺夫又一次成功了。

《圣经》上曾这样说："信心是大家都希望得到的东西，是我们所看不到的东西的佐证。"

妻子们会有一种独特的视觉，能在她们丈夫身上看到别人看不出来的潜能。因为她们不仅是在用眼睛去看，也是在用内心的爱去看，这是他人所无法做到的。

在正常情况下，夫妻要共同生活一辈子，在这漫长的人生道路上，哪能总是风和日丽、一帆风顺呢？总难免有磕磕碰碰、艰难曲折。在这种情况下，人对人的安慰和鼓励、支持和帮助就十分重要了。夫妻之间心心相印，患难与共，能敏感地觉察到对方的情况变化，能深刻地了解对方的心理特征，说的话最亲切，对对方的情绪能起到很大的稳定作用，这就是“主心骨”。当然，无论有怎样的信任，如果没有用语言表达出来，也是毫无作用的。所以，妻子一定要在适当的时候用语言和行动表达出对丈夫的信心，比如，适时给丈夫以温柔地宽慰、坚定地鼓励和热情地赞美等等。

给足男人面子

在婚姻中，给丈夫面子，不是让女人委曲求全，而是要给丈夫体面的自尊，这样既有助于家庭和睦，同时女人也会得到丈夫更多的关心和体贴。

很多女人都会感慨，结婚以前和结婚以后生活就会发生很大的变化，心理上也会跟着发生调整。比如，结婚以前，因为担心自己的未来，总是格外地挑剔自己的另一半。可是结婚以后，就开始专心经营自己的这份感情，慢慢地变得宽容和温柔了。其实，这样做是对的。女人就应该在婚前睁两只眼，婚后闭一只眼，对丈夫宽容，给予他足够的心理空间，这样的婚姻才能幸福。

在婚姻中，给丈夫面子，不是让女人委曲求全，而是要给丈夫体面的自尊，这样既有助于家庭和睦，同时女人也会得到丈夫更多的关心和体贴。

男人在外打拼，劳累、委屈他都可以不在乎，但他不能失去男人的尊严。许多女孩在谈恋爱时，男朋友可能会用玩笑般的口气告诉她们，在人后我听你的，在人前你可得给我留点面子。确实，男人就是这样好面子的“动物”。所以，女人们只要不违背原则，暂时委屈一下，给男人一点面子又何妨呢？常言说：“量大福大。”大度的女人也更令男人加倍地尊重她。

但是，在现实生活中，有些妻子并不了解男人的这种心理，有时候，自觉不自觉地把在家里的威风也带到家外，当众显示自己对丈夫的管束，自以为很舒服。这样做便会出现两种结果：一是，如果丈夫当众听命于夫人，丈夫就会感到很狼狈，威信扫地，使他成为交际场合中被人戏弄的对象，这自然有损于他的交际形象。二是，如果丈夫不满她的指使，做出反抗的表示，又难免产生矛盾，甚至成为家庭矛盾的导火索。总之，不管哪一种情况，结果都是不好的。产生上述后果都与妻子在公众场合下不注意给丈夫留面子有关。

聪明的女人是绝不会这样做的。聪明的女人懂得在什么场合、在什么时候应该给丈夫一点面子，把握这种分寸也是有技巧的。

多练心

记住，不是操心是练心，如果你想给足男人面子，要多多练心。你的修养，你的谈吐，你的风韵，你的容颜，你的智慧，你的笑容，都是帮衬男人面子的重要组成部分。要不然只有玉树临风，没有佳人相伴，那面子最外层的金边该怎么贴呢？

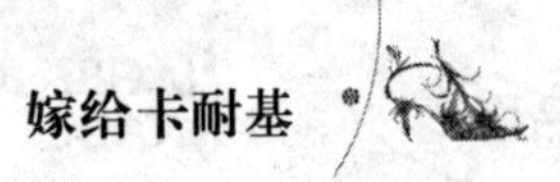

待他不妨谦和些

对于男人，不要以为你告诉了他，他就会按照你的要求去做，当我们希望得到既定的结果时，一定要为对方的接受程度考虑。比如他在刷过牙后总忘记把牙膏盖盖上，你就多说几句“请记得盖上”，而不要向他频频甩出“不要、不准”之类的话语，只有这样，他才会欣然接受，而不会恼羞成怒，破罐子破摔。

内外有别

不管你在家里把老公当做电饭煲还是当做吸尘器，一旦涉及他的面子时，一定要小心谨慎，就像手捧一件古老、珍贵的瓷器。给他足够的面子，才能获得“高额回报”。

(1) 在家里待客时，妻子要注意约束自己的言行，避免使用命令的口吻对丈夫说话，或做有损于丈夫威信的事情。也就是说，要坚持内外有别的原则，不能把夫妻两个人关系的特殊现象拿到他人的面前来，以避免损害丈夫的自尊心。

(2) 在社交场合，妻子更要注意自己的身份，不宜喧宾夺主，要把握自己的言行，甘当绿叶，要让丈夫更体面、更洒脱一些，防止把在家里习惯性的做法拿到场面上来让丈夫出丑。

(3) 与别人说话时，妻子不要揭自己丈夫的短，把他搞得狼狈不堪。妻子给丈夫一点面子，不论对于丈夫的交际形象和他的工作，还是对于家庭的和睦，都是有益的。

非紧要关头不妨装傻

我有一位朋友和丈夫结婚已有 8 年，夫妻感情依然情意浓浓。她的秘诀是：给老公最大的面子。在她卧室的墙上有一个字条，上面是她制订的“家规”：第一条：历史证明老公永远正确，一切事情都由他做主；

第二条：万一他不对，仍参照第一条执行。后来，老公在感动之余又添了一条：夫人享有总裁决权。

不妨陪他一起流泪

其实男人很累，睁开眼便是各种责任和义务，他们不敢承认自己也有非常脆弱、需要关怀的时候。在他志得意满时，请给予他足够的欣赏；当他遭遇了不公和挫折时，不妨陪他一起流泪，然后尽快忘却，旧事不提。

婚姻生活中，身为女人的你给丈夫一点面子，给他一份尊重，你就为自己赢得了整个世界。这样划算又浪漫的交易，你何乐而不为呢？

做他最忠实的倾听者

《福星》杂志曾刊出了一篇对公司员工的妻子所做的调查报告。他们引述一位心理学家的话说，“一个男人的妻子所能做的一件最重要的事情，就是让她的先生把他在办公室里无法发泄的苦恼都说给她听。”

倾听是一种微妙的沟通。沟通是双向的，单行道永远也不能算是沟通。婚姻中，当一个人在讲自己的意见或建议时，必然会有一个是听的。然而，让人遗憾的是，会听别人讲话的夫妻实在不是很多，更多的夫妻在实际生活中，都是在抢着说话，好像少说一句便吃了大亏，专心听别人讲的人必定是理屈词穷。

能够尽到这个职责的妻子，被赋予了“安定剂”“防哭墙”“共鸣

器”和“加油站”等等称号。这个调查报告同时也指出，男人需要的是主动、机敏地倾听，他们通常都不想听什么劝告。

任何一个曾经在外面工作过的女人都可以了解到，如果家里有个人可以谈谈这一天所发生的事情，不管是好是坏，都是很令人欣慰的。因为，在办公室里，常常没有机会对所发生的事情表示意见。如果事情进展得特别顺利，我们也不能在那儿开怀高歌；而如果碰到了困难，最好的同事也不愿意听那些麻烦事，他们自己已经有够多的烦恼了。于是，当辛苦地工作了一天回到家里时，人们往往会有一种一吐为快的迫切心情。

最常发生的事情往往是这样的：

丈夫回到家，上气不接下气地说道：“老天！亲爱的，今天真是个值得庆祝的日子！我被叫进董事会里，汇报有关我所做的那份区域报告。他们还想听我的，而且……”

“真的吗？”妻子心不在焉地说着，一点也不用心的样子，“那真好，亲爱的，快来！吃点我刚做的酱牛肉吧！对了，我有没有告诉你，早上来修理火炉的那个人说有些地方应该换新的了。你吃过饭后去看一下好吗？”

“当然好，宝贝。噢，就像我刚才说的，董事会听取了我的建议。说真的，起初我真有一点紧张，但是我终于发觉我引起他们的注意了……”

妻子插话道：“我常认为他们不了解你、不重视你。哎，对了，你必须和儿子聊一聊他的学习问题，这学期他的成绩实在糟糕透顶，他的班主任说如果儿子肯用功的话，一定可以念得更好的。对他的学习问题，我现在真的无计可施了。”

到了这时候，丈夫才发觉他在这场争夺发言权的战争中已经彻底失败了。于是他只好无奈地把他的得意和酱牛肉一起吞到肚子里，然后解决有关火炉和儿子教育的问题。

难道他的妻子真的如此自私，只在乎自己的问题吗？当然不是，其实，她和丈夫一样，都想找个听众倾诉一番，只不过，也许她把自己倾诉的时间搞错了。其实，她只要耐心地听完丈夫在董事会上所出的风头，让他把自己的情绪发泄完了以后，就会很乐意地听她大谈家庭琐事了。

善于倾听的女人，能够给自己的丈夫以最大的安慰。所以要实现夫妻间心平气和、有效地沟通，就一定要注意倾听。没有专心倾听对方说话，是导致婚姻陷入困境的一个重要原因。经常听女人这样抱怨："他从来不听我说话"或是"他不了解我心里的感受"。没有专心倾听伴侣说话是问题婚姻的一个迹象，专心倾听对方说话是健康婚姻中的一个特征。当别人对你说："请接着说。"而且是真的专心听我们说话，我们会觉得自己被看重、被了解、被接纳。积极的倾听可以改善夫妻关系。

其实，聆听别人说话并不只是默不作声或是滔滔不绝地回应！做一个出色的聆听者，并不是一件简单的事，必须注意聆听的"积极性"，听人说话也要讲究"品质"。

(1) 注意力集中是聆听别人谈话时首先要注意的。此时，最忌讳眼神的飘忽不定，当然，也不必紧张得手心出汗，拘谨得不知所措。千万不要让心思任意漂游，天马行空地胡思乱想。倾听时表情要自然、放松，并随着听到的内容发生变化。没有什么比一个面无表情的聆听者更让说话的人感到扫兴的了。

(2) 出色的聆听者意味着心神集中和积极地配合。如果你想要赢得一个男人的心或者对他施加影响时，千万不要在他需要一个聪慧、机灵的聆听者时拿出装傻、扮天真的本领表现出十分欣赏、崇拜他的那一套把戏。

(3) 在聆听时可以把握发问时机，偶尔提出不同的看法。如果你个人非常赞同他的说法，可适时地在他谈话停顿的时候提出来，但不要滔滔不绝，要注意让他掌握谈话的主导权。这样，就不至于造成单调的独白，双方的思想也能得到很好的沟通。

学会正确聆听别人的讲话，不仅能让你与男人相处得更融洽，也能让你和其他人相处得更好。

亲爱的，让我们来换位思考

沟通大师吉拉德说："当你认为别人的感受和你自己的一样重要时，才会出现融洽的气氛。"我们需要多从他人的角度考虑问题，如果对方觉得自己受到重视和赞赏，就会报以合作的态度。如果我们只强调自己的感受，别人就会和你对抗。换个角度替对方多思考一下，关系立刻就会变得缓和。

心理学家认为，现代人要想在社会中获得成功，首先必须具备不服输的品性，但在婚姻生活中恰恰是相反的。美满的婚姻往往存在于那些懂得和擅长把握"输"的技巧的人手中。夫妻双方在兴趣爱好、教育子女、亲友关系、投资理财等方面均会有不同的观念，因此产生一些分歧和摩擦是很正常的。这时候，问题的关键并不在于具体的事件，而在于计较到底谁在家里占主导地位，也就是自己被尊重关爱的程度。在许多人眼中，放弃控制权或是在争论中主动妥协是一种软弱和无能的表现。实际上，家庭争论中的赢家不一定是胜利者，主动的暂时的认输最终得到的会更多。而解决这一问题的关键就是要学会换位思考。

我们从婚姻中最想得到的是什么？如果是爱与被爱、关心与被关心，那就必须互相谦让，互相尊重。婚姻就像一座两人共同建立的花园，只有一起种植、培土、灌溉，才能培育出美丽的花朵。没有爱的付出与牺牲，只想获得永久的回报，是不可能的。在夫妻争执中，你的认输，表明你对对方的深情，对家庭的呵护，事后你的伴侣会理解和醒悟的。夫妻间的差异无可避免，但是如果能够站在丈夫的立场上考虑，充分尊重彼此之间的差异，学会替丈夫考虑，这样就会取得事半功倍的效果。这就是换位思考法的基本立场。

理解丈夫，并能够从丈夫的立场设身处地地去为丈夫着想，重视不同个体之间的差异，以及不同人眼中看到的世界的差异，这样做的人才能避免由于偏颇而造成的失败。下面的故事对我们应该有所启发。

莱曼兄弟公司是1850年由莱曼三兄弟：亨利·莱曼、伊曼纽尔·莱曼、迈耶·莱曼创办的。这三兄弟来自德国，后到美洲大陆寻找发展机会，经过他们的苦心经营，该公司共拥有资本约25亿美元，是华尔街历史上最大的投资银行之一。

但由于兄弟三人彼此难以容忍对方的缺陷，最终导致公司破产。亨利·莱曼是个事业型的领导者，凡事从大处着眼，公司很多计划都是他制订出来的；伊曼纽尔·莱曼则是精细的后勤人员，善于组织内务，精于算计；而迈耶·莱曼则脱离了他两个兄弟的方向，他的目标是创办自己的企业。迈耶·莱曼根本不顾及他的两个兄弟，一味地为自己将来的大企业着想，而另外两人则置迈耶·莱曼于不顾，只顾整个公司的继续发展，这样，矛盾产生了。后来，迈耶·莱曼再也无法忍受集体（公司）的束缚，离他们而去，整个公司随之也分崩离析了。

莱曼兄弟公司解体的故事说明了这样一个道理，所有的成功都是齐心协力创造出来的，如果失去了这种协作，那么，很难找到成功的道路。

兄弟之间如此，那夫妻间怎样相处呢？最重要的一条就是站在丈夫的角度去思考。

事实上，夫妻间的许多争吵有时并不是什么大事情，千万不要动辄恶言伤人，不负责任地提出离婚，或者打孩子出气，或者损坏东西。我们必须记住：如果你想保持美满的婚姻，你想获得配偶的真切关爱，首先你该明白，夫妻之间不存在输赢，若要想赢得对方的爱与尊重，你必须懂得输。

沟通大师吉拉德说：“当你认为别人的感受和你自己的一样重要时，才会出现融洽的气氛。”我们需要多从他人的角度考虑问题，如果对方觉得自己受到重视和赞赏，就会报以合作的态度。如果我们只强调自己的感受，别人就会和你对抗。

换个角度替对方多思考一下，关系立刻就会变得缓和。生活中，请让我们相信，每一个恶人也都有他值得同情和原谅的地方。一个人的过错，常常不是他一个人所造成的，对这些人多一些体谅吧，从对方的角度出发，你的宽容就可以温暖一颗失落的心，他们也会把温暖传递给他人。

已婚男人都有的恐惧心理

人们总喜欢把与“软”“弱”有关的名词用来形容女人，男人则似乎与之毫无关联。其实不然，虽然男人外表总是给人一种刚毅、坚强的印象，但实际上这种“男子汉”的外壳下常常藏着一颗脆弱的心。

在结婚之前，男人“家”的意识很淡薄，他们在考虑问题的时候，总是以自己为核心，他们可能通宵上网，可能毫无节制地和哥们儿吃喝玩乐。可一旦结婚，他们大多数会有一个质的转变，他们会突然意识到自己需要承担责任，这种责任不仅包括对自己的妻子、儿女，甚至包括对过去一直忽略的父母。正由于此，过去很多家长为了“拴”住那些所谓的“浪子”，总是逼他们早早结婚。

然而，正是这种“家”的责任感，给他们带来了巨大的压力，进而使其产生极大的心理恐惧。对于一般男人来说，在所有恐惧中，对失去工作的恐惧是最严重的。

作为妻子的你，也许不能完全明白，丈夫对工作所持有的恐惧感。每天他回到家中，总是一副坚强又无畏的样子，似乎他永远都知道，自己要如何走前面的路。可不幸的是，这只是表面现象，在他的内心深处，承受着巨大的压力。对于男人来说，他的工作代表了他的价值，若失去工作，就等同于失去价值。

如果你问一个单身男人：“如果你失去工作，你做什么呢?”他可能不假思索地回答：“再找另外的事情。”可是，对于已婚男人来说，这个问题就不这么简单了。

对于已婚男人来说，工作不愉快或害怕失去工作，都会影响其身体及情绪上的健康，如产生溃疡、高血压、结肠炎、性无能，或是情绪崩溃。因此，虽然男人不满意工作或担心失去它，但失去了工作，才真是要他的命了。

男人一旦失去了工作，他也同时失去了工资及福利——医疗、退休金、有薪假期、病假、公司补贴等，他也因此失去在公司报销花费的机会。不仅如此，他还有一个比丧失工资或福利更严重的损失——丧失自我。他认为自己好像突然变成“零”，与人交往成为一件难堪的事情，因为大多数人谈话中心都围绕着“你做什么事”，似乎把你做什么工作看成是“你是谁”的身份证明。男人因此回避和退缩，最后陷入害怕和孤立的幽暗之处。

今天的男性被愈来愈多的问题所困扰，除了要应付日益加剧的竞争之外，还要处理许多意想不到的麻烦。著名的成功学大师柯维在他的著作中就列举过许多这样的男性。他们虽然在事业上获得了成功，但内心是匮乏的，没有过上真正幸福的生活。其中的一位这样说："我曾定下许多目标，也都一一达成。我的事业十分成功，但牺牲了个人与家庭。不但与妻儿形同陌路，甚至不知道还认不认识自己？我究竟在追求什么？"另一位也如此说道："看到别人有所成就，或获得某种肯定，表面上我会堆出一张笑脸，热忱地恭贺他们。可是，心里却难过得不得了。为什么会有这种感觉？"还有一位男性也说："我的婚姻已变得平淡无趣。我们并没有恶言相向，甚至大打出手，只是不再有爱的感觉。我们请教过婚姻顾问，也试过许多办法，可是就是无法重新燃起往日的爱情火花。"

像上述被难题困扰的男性在生活中是极为普遍的。男子生来争强好胜，要做顶天立地之人，社会和传统也限定了他们将扮演这样的角色，然而，天性的脆弱，不为人知的个性局限都为男人在腾达之路上设置了种种障碍。其中不乏为烦恼困扰的成功男士，而那些正在奋斗中的男性，其挣扎的疲劳和身心的苦恼就更为突出了。因此，今天的男性盼望有一剂良药，能让他们生活得更轻松，更智慧，更美好。而这剂药医生是开不出来的，只有妻子才能配出良方。

如果你问一个男人："这年头做男人是什么滋味？你觉得男子气概受到尊敬和推崇了吗？"那些沉吟再三，考虑要不要把内心真感受对你吐露的人，往往会告诉你，他们常有代人受过、被贬抑和攻击的感觉。但他们的反应很可能相当含糊，很多男人觉得像夜间在竹林里跟一个看不见的敌人作战，从黑暗中传来充满敌意的挑剔之声："男人侵略性太强，太软弱，太迟钝，太大男人主义，太热衷权力，太像小男孩，太没出息，太暴力，太好色，太冷漠，太忙碌，太理智，太没有领导能力，太死气沉沉。"但男人究竟该是什么样子，却从没有说清楚。

在社会生活中挣扎的男性将会有更多的麻烦和面临更棘手的问题，所以一个聪明而又善解人意的妻子应该体恤丈夫的脆弱，他的确是你依赖的对象，但一个无论多么坚强的男人都有软弱无助的时候，有时候，妻子柔软温暖的怀抱就是他们避风的港湾。如果你的丈夫心情不好，他可能是面临工作的压力，你最好找到合适的方法帮他分担一些；如果你的丈夫面临失业，你更应该鼓励他，让他重新振作，否则一旦他由于巨大的心理压力彻底崩溃，可能整个家就毁了。

男人都有冒险的天性

上帝的确偏爱那些勇于冒险的心灵！如果我们希望自己的丈夫能在他们所热爱的事业上获得成功，我们就应该鼓励他们大胆地去尝试每一个可能的机会，同时自己也做好承担风险和克服困难与挫折的准备。

我的祖父劳勃特森从小在堪萨斯州的农庄长大。他心中有一个梦想：他一直渴望着能移居到印第安·泰里特利去，以便自己在这个边界殖民区里能够做出一番事业来。当他的妻子哈丽特了解了他的这个想法后，她没说一句反对的话就将他们的行李整理好，放进一辆敞篷马车里，然后便带着孩子们往未知的前途快乐地出发了。后来他们在锡马龙的河岸边定居下来，这个地方，就在现在的俄克拉荷马州东北。在那儿我的祖父首先建造了一座木屋，然后用篱笆围起一片自己开垦的土地。不久后，他又借了点钱在这个小村开了一家小店，那个地方就是现在的俄克拉荷马州的杜尔沙市。

当时，我的祖母哈丽特的日子过得十分艰苦，她要照顾九个小孩，自己身体也不太好，而且生活条件十分恶劣，但她从不抱怨。她会小心地用旧报纸来贴补那间最早盖起来的木屋。那里没有医生，教会学校供小孩子念书用的教室也只是一间教会学校的小木屋。艰辛的日子、债务、严寒的冬天和酷热的夏天，这就是他们生活的全部写照了。但在当时，以边疆的生活水准来说，劳勃特森后来算是取得成功了。他的妻子哈丽特活着时终于看到她的丈夫变成了一个成功的、受人敬重的居民，她的儿女们也都有了幸福的归宿，而印第安·泰里特利后来也成为联邦政府的一个州。

可以这么说，联邦政府这些州的发展，都离不开像我祖父这样的男人勇于开拓新天地以扩展疆界，更重要的是，有了他们那些勇敢的妻子，就像哈丽特，她们敢于去尝试新机会。当她们朝西部进发的时候，难道她们不留恋自己温暖舒适的家？难道她们从不后悔离开了朋友、双亲、财富以及一向安逸舒心的生活？如果她们从没有后悔的念头，她们就是太没有人性了。

这些女人信仰上帝、相信丈夫，而且相信她们自己的双手和努力，即使她们面临着危险、困苦、疾病和死亡。但是，拓荒的女人们仍然愿意坚定地跟随自己的丈夫来到这片荒凉地区，并写下了美国历史上光辉的一页。他们留给自己的儿女一笔巨大的遗产，包括土地、城市、辽阔的大地，以及一种不屈不挠的勇气和无法动摇的信念。

那些盼望丈夫成功的妻子，也必须发扬前辈拓荒的刻苦精神！妻子必须心甘情愿地放手让自己的丈夫去做他最喜爱的事情，纵然他的做法有点冒险。不管遇到任何困难和挫折，她也应该深信丈夫的勇气，而且不遗余力地支持他。那些能够不顾一切地努力实现进取心和创造心的人，整个世界都会为他让路的！

然而，生活中就是有些做妻子的人，为了保住安稳的生活，宁愿让她的丈夫维持着自己并不喜欢的工作。我就认识这样一个男人，只因为他的太太宁愿牺牲任何代价，来保住眼前安定的生活，使得他在自己所不喜欢的职位上干了一辈子。刚开始的时候，这个人是个记账员，后来他赚够了钱，于是，他盘算要注册一个自己的汽车修理厂，可这时候他结了婚。他的太太认为在他们还没有买下房子之前，他最好不要辞去这个工作。等他们买了房子并生下第一个孩子后，这位男士的妻子说服丈夫让他觉得：重新开创自己的事业，会是一件多么辛苦的傻事！于是，日子就这样一天天滑过去了。等到他的薪水已足够家庭开销，而且还有保险金可以保证孩子的教育费用，这时，他总该可以顺遂自己的心愿，可以无所顾忌地从事自己的事业了吧？可他太太的看法是：这时候还有必要开创自己的事业吗？太可笑了！万一失败了怎么办呢？无疑，他会失去在公司里的年资、公司的退休金、疾病津贴，以及一份中等而固定的薪水的！于是，这位男士就再次放弃了重新创业的冲动，因为他的妻子不愿意给他尝试的机会。

现在，他已经成为一个对生活感到厌倦的庸庸碌碌的中年人，还患有胃溃疡，平时他只会把空闲的时间用来修补自己的汽车。一张写满失意的脸让人看不到有任何值得回想的东西。生命就这样逝去了！他生命中的绝大部分时间都用来压抑他对工作的不满。由于妻子不愿给他尝试冒险的机会，他对自己的工作从没有产生真正的兴趣，没有热情，更没有什么野心。

如果他放弃了自己不感兴趣的工作，努力尝试去做自己愿意选择的工作，最后却失败了，事情又会怎么样呢？天不会塌下来！而生活照样也会过下去！但至少，他会由于做过尝试而感到满足！而如果他能从中领悟到失败的原因，下一次他就真的会迈向成功了。

使人感到欣慰的是，上面这种类型的妻子毕竟只是少数而已。我曾经在一位叫查尔斯·雷诺兹的人手下做过事，当时他是俄克拉荷马州一家大石油公司的财务经理。这个年轻人热情、活泼、能干，十分讨人喜爱，看来，他在公司的发展一定可以一帆风顺。他有太太、三个小孩以及令人羡慕的光明前途！

空闲的时间里，查尔斯·雷诺兹喜爱绘画。他的许多风景油画，都挂在办公室的墙上，有时候，他也把画卖给公司外面的人。

虽然雷诺兹先生喜欢自己的工作，但是，他更渴望能拥有更多时间来绘画。新墨西哥州的陶欧斯城是艺术家的乐园，他一直向往着能放弃手下的工作，以永久移居到那里去。当他和太太露丝商量这件事的时候，没想到太太竟高兴地说："太好了！我们可以将这里的每一件东西卖掉，到陶欧斯去开一家商店，用于专门出售绘画用品，比如画框什么的，我来照顾店面，你也可以放心地画画了。我想我们一定会成功的。"

由于太太热心的支持，查尔斯·雷诺兹就下决心辞掉工作，带着全家搬迁到陶欧斯城，从此专心作画了。他们全家人都有开创新事业的精神，年轻的小查尔斯放学后也到店里帮忙干些杂活。有心人，天不负。查尔斯画得非常好，后来，他终于成为美国西南部最成功的画家之一。他的作品曾参加过全国展览；他也曾在许多画廊举办过个人画展。现在，他已是陶欧斯城画家协会的会长了！在新墨西哥州陶欧斯城闻名的济特·卡森街上，他还建造了自己的画廊和画室。要知道，这一切，都是因为他和妻子有勇气去尝试新机会的结果。

由于这种冒险的成功率非常高，所以他们的成功并不值得惊讶。如同范狄格里夫特将军在战前经常对军队所说的："上帝对那些勇敢和坚强的人总是偏爱一些!"

当然，最适合于某个人的工作，或能够使他感到快乐的工作，并不一定就能使他变得富有或过上好日子！但除非一个人的工作能够带给他内心的满足，否则他就算不上是获得了真正的成功。当妻子的应该从精神上给丈夫支持、给丈夫机会，让他去发挥自己的才能，让他自由自在地去做他所喜爱的工作。

许多伟大的成就，可能都是因为有那些不自私的妻子愿意支持丈夫去尝试新的机会，愿意为此放弃眼前的物质享受而实现的。也许，正因为她们的支持，许多男人才能够从事适合于他们个性和志向的工作。

男人都有冒险的天性，作为女人要相信丈夫，放手让自己的丈夫去做他喜欢的任何事情，哪怕他的做法非常冒险。即便遭到挫折，也应该深信丈夫，而且不遗余力地支持他，这样丈夫一定会成功，或者，至少可以让丈夫感到快乐。

让丈夫感觉家是最好的地方

……丈夫和小孩当然也有责任，但是，决定性的影响就要看你创造出来的环境，你所培养出来的气氛，以及最重要的——你所呈现出来的榜样。

“家庭对你的丈夫和小孩具有什么意义，这就要看你的表现了。”克里福特·R. 亚当斯博士在《妇女家庭》杂志的专栏“如何创造婚姻幸福”里写道：“……丈夫和小孩当然也有责任，但是，决定性的影响就要看你创造出来的环境，你所培养出来的气氛，以及最重要的——你所呈现出来的榜样。”

轻松和谐的家庭氛围

作为一个男人，不管他的工作性质如何，也不管这项工作对他来讲具有多大的诱惑力，或者使他多么着迷，总会给他带来某种程度的紧张感！在他回家以后，如果有个舒适、清静和井然有序的环境，使这些紧张与疲惫得以消除，他的心理、身体和情感就能得到平衡，他就有更加充沛的精力和体力迎接更加繁忙的第二天。

每个女人都想做个好的家庭主妇，但是有时候男人在家里得不到休息和放松，因为他的太太是个要求太高的家庭主妇。她的孩子不可以把朋友带回家——小孩子们可能会弄脏她一尘不染的地板；她的丈夫不可以在家里抽烟——可能会使窗帘沾上烟味；如果她的丈夫看完一本书或报纸，就必须准确地放回原处。

有人说过，制造一个愉快、安详的气氛，让男人在家感到舒适，是使他留在家里并留住男人心的最好方法。作为妻子，你应当相信这一提示和忠告。

保持家庭环境的整洁舒适

对大部分的男人来说，他们宁愿住在一间收拾整洁的帐篷里，也不愿住在凌乱不堪的漂亮豪宅里！那些吃饭没有一定的规律，或是到了吃饭的时间，上顿饭用过的碗还泡在水槽里没洗，卫生间散发着一股股异味，卧室里一片狼藉等等，这些现象以及其他家事概不收拾的情形，足可以使男人宁愿跑到球场、酒吧甚至妓院去。对男人来说，除了自己的散漫凌乱可以忍受外，似乎没有办法忍受其他任何人的不整洁。

戴尔就是这样一个人，他曾对我说，在认识我之前，他曾打算向一个漂亮、迷人的女孩求婚，但后来他打消了这个念头，只因为有一天他到她的住处去找她时，发觉她房间里凌乱不堪的情形，就像敌军刚来洗劫过似的。

因此，要避免家里长期的不整洁。任何一个有修养的丈夫，对于偶然发生的过失也都是能够体谅的。在繁忙的日子，他也会愉快地吃着剩菜，当我们碰到一些不寻常的问题必须应付的时候，他也会帮忙或是替我们解决，只要这种事情不是时常发生就好。

好女人是丈夫的“复苏丹”

幸福的家庭是避风的港湾，好女人则是港湾的优秀管理者；破裂的家庭是漏雨的天窗，差女人则是天窗的打开者。

好女人有着无穷的力量。好女人如“复苏丹”，男人心散时，好女人往往会让男人在这味良药的苦味中，慢慢地咂出一丝淡淡的甜味和幸福的回忆；好女人如“强心针”，男人气馁时，好女人敢于一针见血地指出男人失败的症结，激发出男人重新振作起来的勇气；好女人如“维生素”，男人倦怠时，能使男人迅速消除疲劳，产生出新的拼搏力量。而在男人老毛病一犯再犯时，好女人还会在不伤害男人自尊心的前提下，循序渐进地加大药量，逐步治愈男人的病痛；好女人如“稳心丸”，男人成功时，轻轻地告诫男人“山外有山”，一切从零开始，方可立于不败之地；好女人如“感冒片”，男人发牢骚时，不声不响地溶入水中，待男人降温后再慢慢开导，而不是“火上浇油”。

那么，差女人呢？差女人如“杜冷丁”，男人遭受挫折时，差女人不帮男人挖掘病源，更不想使男人“复活”，而是责怪男人无能，不断给男人打“绝命针”；差女人如“皮试剂”，男人外出回归时，不是问寒问暖，而是不断给男人做“皮试”，去了何处？为了何事？与何人打交道？疑心重重，唠叨不休；差女人如“迷魂汤”，男人施行决策时，便吹起了枕边风，这个不行，那个不好，常弄得男人犹豫不决，无所适从。

走进婚姻围城的女性，你是一个好女人还是一个差女人呢？

常常听到的抱怨是："我把心都掏出来给他了，他怎么能这样对我?"怎样爱一个好男人？其实女人爱男人，看重的往往是男人对她好不好，而男人爱女人，看重的却常常是这个女人够不够体贴。那么，如何做一个善解人意的好女人呢?

不要轻易抱怨

再没有比一个唠唠叨叨、成天抱怨的女人更让人退避三舍了。但不抱怨也不行，任劳任怨的女人最惨了。当男人被服侍惯了的时候，一切都变得理所当然，你偶尔一两次没做好，他反而要心生不满。

多说好话多鼓励

说话实在是一门艺术。说得好可以救人，说得坏则可杀人。许多女人都以为结了婚，一家人了，当然就可以畅所欲言，想说什么就说什么。逞口舌之快的后果却是丈夫早已同床异梦了，你还压根儿不知错在哪里。

很久以前一个教授太太说过一句很发人深省的话。她说："你每说一句话，每发一个声，都会被记录下来，即便你旁边没有人，山会记下来，水会记下来，凳子桌子也会记下来。千万不要以为你说的话没有用，不会产生什么影响。"所以，好话要多多益善，坏话能不讲就不讲。很多婚姻关系的破裂都是因为讲话太随便所致。

用同样的态度对待生活。

如果他非常精明，喜欢深谋远虑，喜欢有计划、稳稳当当的生活，他就会希望你也能配合他的脚步。

如果一开始你不能满足丈夫的全部需求，千万不要就此认为自己的婚姻已经失败了，因为世界上就根本没有人能做到完全令别人满意。同样的，如果你丈夫没有完全满足你的要求，你也千万不能因此就认为他不配做你的丈夫。另外，你不能对男性的爱好存在偏见，因为这非常有害，你必须坚决要将它抛弃，努力去发现属于自己的那个男人真正喜欢的东西。不管怎样，一旦你发现丈夫的特殊需求时，就应该尽力去满足他。如果你丈夫提出的是无理的、完全不符合现实的要求，你应该立即表明自己的观点，以维护自己的尊严，完全没必要把自己变成一个习惯于忍气吞声的可怜虫，因为你丈夫的需求靠的应是你热烈的爱去满足，而不是靠软弱或其他的什么东西去“收买”。

爱他，就分享他的嗜好

据专家们说：与爱人共同分享一件东西，不管是一杯饮料或是一个奇思妙想，都可以使双方备感亲密，而能分享爱人的特殊嗜好，更是一种获得甜蜜爱情的重要举动！

佐德豪斯曾经对几百对幸福婚姻者做过研究，他发现，夫唱妇随是这些婚姻成功的关键因素。夫唱妇随的基本因素是什么？共同的朋友圈子、共同的兴趣爱好和共同的人生理想，正是这些共同的东西能够把夫妻双方亲密地结合在一起。

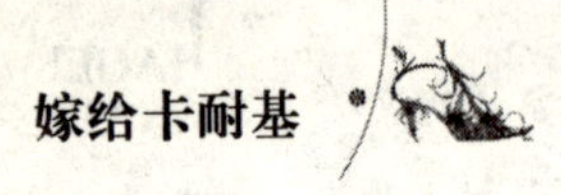

现在，让我们来看一个生活中实际的例子吧！

亚瑟·摩雷和他的妻子凯瑟琳是一对著名的夫妇。他们很可能是有史以来教会学生跳舞最多的老师。结婚 28 年来，摩雷夫妇一直在一起从事舞蹈培训工作。有人问凯瑟琳·摩雷：“像你们这样天天在一起工作，如何才能避免陷入单调重复的生活方式呢？难道你们不觉得，要把你们的事业与私人生活分开是一件十分困难的事情吗？”

“一点也不难！”摩雷夫人说，“只要我花一点小心思就行了。我总是想办法把自己装扮得妩媚动人。因为虽然我不在乎别人会怎么看我，但我十分在意我丈夫的感觉，由于我们天天在一起，也由于我们的职业原因，我会比其他女人更在乎自我形象的完善。更为重要的是，我们能够共同分享许多爱好，只要一有机会，我们就会一起去享受这些活动的乐趣！上个礼拜，我们就利用假期到百慕大做了一次简短的旅行，共享我们旅游的兴趣，我们在不同的基础上也能融洽相处，并总是试图为我们的生活加入一点变化和情趣。”

是的，如果整天只有工作而没有娱乐，的确会使婚姻生活变得枯燥无味。如果妻子学会分享一些丈夫喜爱的消遣，不仅能丰富生活，还可以促成她想要的“夫唱妇随”的愿望呢！

史坦梅兹在《临床心理学》杂志中写道，“在成功的婚姻生活里，能迎合对方的兴趣和爱好，可能比共同的兴趣和爱好更加重要。”

克里奥帕特拉，这位尼罗河古埃及艳后，从没有学过什么心理学，但是她精通不少支配别人的妙招，特别是对于男人最有效用的。虽然克里奥帕特拉的美丽并不异常突出，但是她那能和别人分享快乐和特殊嗜好的能力，却使得她所向无敌。

克里奥帕特拉通晓所有附庸国的方言，虽然她的祖先也很精明，但从没有人像她那样不怕麻烦地学会这些方言。当这些附庸国的使节前来朝贡的时候，克里奥帕特拉根本不需要翻译人员就能和他们亲切交谈。这样她很快便赢得了他们的好感和拥戴。

仅仅由于罗马帝国的领袖安东尼喜欢钓鱼，于是，喜爱奢侈豪华的克里奥帕特拉就不举办大型宴会了，她会很耐心地陪安东尼一起去钓鱼。有一次，安东尼花了好几个钟头都没有钓到一条鱼，她就叫个奴隶潜游到水底，把一条大鱼挂在他的渔钩上。有时候，克里奥帕特拉为了博取安东尼的欢心甚至愿意化妆成奴隶，于是，这一对贵族爱侣就可以放心地跑到亚历山大城内的贫民区和低级赌场去狂欢作乐一番。无论如何，只要是安东尼喜欢做的事情，克里奥帕特拉也都乐意去做。

然而，我们之中有多少人愿意穿上难看的长筒靴和粗布衣，不怕淋湿、肮脏和寒冷，满怀喜悦地陪伴自己的丈夫去钓鱼呢？

如果妻子学会从丈夫的休闲娱乐中得到乐趣，还用担心被丈夫抛在一边吗？丈夫还会留下妻子单独一个人到别的地方去玩乐吗？除非他是一个无可救药的自私自利者，要不然，就是因为你没有用心地负起自己的责任，来把你们的家庭变成一个可供休闲、消遣的快乐天地！

法兰西斯·休特太太在刚结婚的那段日子过得很不开心，因为她的丈夫仍保持着单身时的习惯，休闲的时候都是和那些男伴们去娱乐。休特太太盼望她的先生能够时常和自己一起待在家里，但是，她并没有对他唠叨、哭泣、控诉他忽视自己，或是跑回娘家去，相反的，她开始用心研究先生的嗜好，并为他先生准备好一切她能提供的方便。

由于休特先生喜欢下国际象棋，而且还有相当的水准，所以休特太太就请她丈夫教她下棋，结果她成为她先生一个相当高明的对手。由于休特先生喜爱与人交往和参加舞会，所以休特太太就努力地使自己和他们的家都变得非常吸引人和让人感到舒适，这样一来，她的丈夫就会十分自豪地把朋友带回家，而不再整天往外跑。

这种做法非常有效，如今，休特夫妇已经结婚了 40 年。自从休特太太改变以后，休特先生就不再认为必须离开家到外头去玩有什么必要了！事实上，据休特太太说，现在，她想要拉他先生出去，还有许多困

难呢！

如果你爱你的丈夫，肯为他用心地打理自己和你们的家庭生活，何不记住这条：爱他，就分享他的嗜好！

妻子一成不变丈夫可能会变

每个男人的内心深处其实都是渴望妖精的，因为妖精从来都不是一成不变的，她能经常满足男人的猎奇心理，投一个小石块让男人心潮澎湃。

很多女人，温柔贤惠，几十年如一日的温柔贤惠，永远温柔宁静。不管丈夫的情绪有怎样的波动，她永远都是不温不火地对待他；不管丈夫做了什么事情，她都会以一成不变的方式对待他。但是聪明的女人千万不要相信这是一种美德。这种连自己都觉得压抑的生活方式，怎能不让男人厌倦？

每个男人的内心深处其实都是渴望妖精的，因为妖精从来都不是一成不变的，她能经常满足男人的猎奇心理，投一个小石块让男人心潮澎湃。那么妻子应该如何做出改变呢，其实并不难，只需要你在一些生活小细节上多用点心就可以了，来参考一下下面这些做法吧！

在生活中寻找和制造笑料

因喜悦而笑，这笑也是你们可以一起享受的最快乐的事。笑会提升你的精神，鼓舞你的情绪，温暖你的心灵。两个人一起分享欢笑、庆祝生命的奇妙与喜悦，是人生的极致。在欢笑中，你们享受幸福，心灵随之连接在一起。记住，一起欢笑会净化心灵，那也是促成你们在一起的重要原因。所以，在日常生活中尽量找出一些幽默，一起欢笑。

安排一些“浪漫时光”

与爱人在一起散步。每天花 30 分钟锻炼身体、交流感情、放松情绪、交换意见、构想目标、消除误解，最好能手拉手。

和爱人一起做一些新鲜有趣的事情。去一家新餐馆，吃一道风味不同的菜；听一场音乐会，度一个独特的假期；和爱人一起参加学习班，学些你们两个都打算并盼望去学的东西。一起学习，你们会更加愉快。

送他一些小礼物。订阅一份杂志，买一本特别的书。

送一束鲜花，共享奇特的经历，奉上喜爱的食品。

写爱情便笺。把这些便笺藏在家中的各个角落——衣服里、口袋里、厨房或抽屉里，以及一些秘密的地方。要运用你的想象力，将爱情散播在生活的方方面面。

让他“伤伤心”

在两性交往的过程中，轻易承诺往往对爱情有较大的杀伤力，因此适度地让对方伤心，可以让彼此的关系更具有弹性。但切记并不要让情人陷入绝望，其中的分寸把握要视对方能够承受多少压力而定。例如，当恋爱的其中一方问起“你会爱我很久吗”这类问题时，你若明知未来有许多未知变数，却反而对他唱起“爱你一万年”，只怕日后感情生变，徒然落个薄幸之名。然而，如果你的回答是“我会尽量，但不保证。”也许对方在乍听之时会有些伤心，但是坦白的态度，将会助长情感转往更理性的路途发展及避免不必要的争吵。

与他打情骂俏

谈起爱情，每个人都以为自己是最认真的，然而在两人亲密相处的过程里，太严肃反而会造成不必要的压力。女人带点幽默感的恋爱，反而让人回味无穷。“沉默是金”虽是流传已久的谚语，但在爱情里并不适用，花言巧语可以说是点燃情欲的火苗。

来些心血来潮的举动

用心血来潮的举动刺激平淡的生活是保持活力的一种办法。它不可预期，不需要掌控，却充满惊奇。

可以与爱人来些人为的小别。每隔一段时间找个借口外出一次，人为地制造一个思念的意境。小别一段时间，你和你的爱人之间，就如磁石的磁性被加强了一样，更有吸引力了。为两人筹划一份惊喜，是表现关爱与创造回忆的最直接的方法。它能使伴侣在惊喜中陶醉爱的美好，并留下一份浪漫记忆，而你在策划和执行的过程中也能得到很大快乐。

理性与逻辑的部分消失了，你变得有点冲动、傻气，甚至有点疯狂、愚蠢，但感觉是棒极了。在两性关系中，这样奇妙的感觉能让你们保持愉悦快乐，不会陷入死寂。

会“装傻”的女人最讨喜

有人把女人分成三种：一种是真傻，智商、情商都很低，男人当然不喜欢；第二种是聪明女人，在这样的女人面前，男人会感到有压力；第三种女人最讨喜，她们聪明，却经常装傻。

大诗人纪伯伦曾说过：“恋爱和疑忌是永不交谈的。”用在婚姻上，也同样如此。

一百多年前，拿破仑三世，即巨人拿破仑的侄子，爱上了全世界最美丽的女人——特巴女伯爵玛利亚·尤琴，并且和她结了婚。他们拥有财富、健康、权力、名声、爱情、尊敬——是一个十全十美的浪漫史。他的爱情从未像这一次燃烧得这么旺盛、狂热。

不过，这样的圣火很快就变得摇曳不定，热度也冷却了——只剩下了余烬。拿破仑三世可以使尤琴成为一位皇后，但不论是他爱的力量也好，帝王的权力也好，都无法阻止这位法西兰女人的猜疑和嫉妒。

由于她具有强烈的嫉妒心理，竟然藐视他的命令，甚至不给他一点私人的时间。当他处理国家大事的时候，她竟然冲入他的办公室里；当他讨论最重要的事务时，她却干扰不休。她不让他单独一个人坐在办公室里，总是担心他会跟其他的女人亲热。她常常跑到她姐姐那里，数落她丈夫的不好。她会不顾一切地冲进他的书房，不停地大声辱骂他。拿破仑三世虽然身为法国皇帝，拥有十几处华丽的皇宫，却找不到一个安静的地方。

尤琴这么做，能够得到些什么？

莱哈特的巨著《拿破仑三世与尤琴：一个帝国的悲喜剧》中这样写道："于是，拿破仑三世常常在夜间，从一处小侧门溜出去，头上的软帽盖着眼睛，在他的一位亲信陪同之下，真的去找一位等待着他的美丽女人，再不然就出去看看巴黎这个古城，放松一下自己经常受压抑的心情。"

的确，尤琴是坐在法国皇后的宝座上，也是世界上最美丽的女人。但在猜疑和嫉妒的毒害之下，她的尊贵和美丽，并不能保持住她那甜蜜的爱情。

人们常说，恋爱中的人们，智商趋近于零。恋人中最为常见的两种表现是嫉妒和猜忌过重，这两种心态，不仅影响爱情的顺利发展，同时也关涉到个人形象问题，它直接损害一个人的自我形象，也损害了爱情。因此，每一个爱恋中的人，都要警惕这两只咬噬爱情之树的蛀虫。

一位爱情多次受挫的美丽女孩逐渐学会了对她所爱的人说："我爱你，珍惜你，尊重你。我相信，如果我不拦你的路，你能够或有能力充分发展成你所能成为的人。因为我太爱你，所以我能放手让你与我并肩而行，走在快乐里和痛苦里，我会分担你的眼泪，但我不会要你不哭；我会响应你的需要，关心你，安慰你，但我不会在你能自己走时拖着你不放；我随时准备在你难过和孤独时与你在一起，但我不会不让你体验自己的难过和孤独；我会尽力听懂你的话和意思，但我不见得永远同意你。有时我会生气，但我会尽量让你知道是因为生气，以使我们不必为有分歧而彼此过不去。"

毫无疑问，爱人时常需要从捆在他脖子上的爱的锁链里挣脱出来。我们应当自信，真正的爱是可以超越时间、空间的。因此，作为婚姻的双方，在魅力的法则上，请留给彼此一个距离。这距离不仅仅包含空间的尺度，同样包含心灵的尺度。留下你自己独特的性格，不要与他如影随形；留下你自己内心的隐私，不要让他感到你是曝光后苍白的底片；留下你一份意味深长与朦胧的神秘……不要试图挽留他离去的脚步。不要幻想他的目光永远专注于你，一切都应是自然形成，在你和他之间留下一段距离，让彼此能够自由呼吸。

如果能够"糊涂"一些，女人就会远离很多烦恼，活得更加快乐，不会被生活的琐碎吹皱脸上的纹理。只有想得开，放得下，朝前看，才有可能从琐事的纠缠中超脱出来。假如对生活中发生的每件事都寻根究底，去问一个为什么，那实在既无好处，又无必要，而且破坏了生活的诗意。

亚当和夏娃的"性福"手册

假如一个女人让丈夫对她失去兴趣，而对另外一个女人感兴趣，通常是因为她对于性爱和浪漫等课题的无知或漠视造成的。

婚后性生活的问题非常重要，做妻子的一定要创造性生活所需要的精力和欲望。因为人们很容易懒惰，如果生活舒适，就会把夫妻间的性爱视为例行公事。在婚姻生活中，性爱活动的延续有一半取决于妻子能否保持丈夫对性生活的兴趣。戴尔就说过："假如一个女人让丈夫对她失去兴趣，而对另外一个女人感兴趣，通常是因为她对于性爱和浪漫等课题的无知或漠视造成的。"

如果能使你们的婚姻保持活力，夫妻的性爱生活通常就会得到延续。那么，怎样才能使婚姻充满活力呢？第一，必须与厌烦单调进行斗争，因为厌烦单调是婚姻的大敌。第二，必须前进和发展自己，对身外的事物感兴趣。这不是要求女人“走出厨房”，而是让她必须走出办公室。回家后，妻子给丈夫讲的第一件事就是那个“傻帽儿”怎样贻误了电话、会计如何鲁莽……这种消息也许会使你俩高兴一两个小时，所以必须坚持给他讲述每一个生活细节。

变化对女人来说是好事，不是坏事。如果还是像结婚前那样天真，说明没有成熟。一个女人应该一年比一年更漂亮、更迷人、更可爱、更幽默。结了婚的女人必须每天坚持保养自己，比如做一个漂亮的发型、把指甲修剪齐整、参加体育锻炼、学习按摩及花钱购买漂亮的衣服。应该仔细分析一下自己，看自己是一位性感、充满活力的妻子还是一位已变得懒懒散散、令人讨厌的女人？看自己最近是否牢骚满腹、毫无幽默感和是否需要进行形体锻炼。一位令人讨厌、牢骚满腹（不是抱怨丈夫，而是抱怨生活）的妻子只能使性爱受到扼杀。

性爱，是夫妻生活中最重要的内容之一，和谐的性爱可使夫妻间的感情经久不衰。在日常生活中，有不少夫妻却因为性爱的不和谐而感情破裂。虽然性爱的不和谐有多方面的原因，但女人在性爱中的被动和不予配合，也是一个很重要的因素。

一个好女人应该彻底了解问题出在什么地方。例如，一个丈夫会抱怨妻子对性不感兴趣，或说妻子做爱时不兴奋，因为她没有性高潮。他埋怨她，而她也接受这些批评，他们都认为这个问题出在她的身上。然而，真实情况也许是他也有问题。

那么，女性如何才能突破传统的性商构囿，提升自己的性吸引力呢？

保持性的吸引力

穿着打扮及用性感方式谈话可能是女性在热恋时常有的，但关系确立后，她们是否还用这种方式吸引对方？多数人不是这样。下列方式可以使你更具有吸引力：买一身透明的衣服在夜里穿，可以让他和你一起去买，让他帮你挑选；上床前洒些香水，或许让他帮你把香水抹到你身上；给他买几件紧身短裤，而不是让他穿着那些像拳击运动员身上的那种大裤头，告诉他说这应由你来帮他穿上。

不妨主动一些

爱情中的欢乐部分来源于对对方的期待和秘密约会。此时主动性会被引发，你也可以对他表现出主动。例如，在他工作时给他打电话，让他在有空的时候给你回话（当然，当他正在谈重要生意时或忙得不可开交时不会生效)。如果他能抽空给你回话，那么就直接告诉他你晚上想在床上做什么，问他你还需要做些什么准备，或在他的皮包里放上一些照片，这些照片是从《快乐性感》一书上剪下来的，并告诉他你准备晚上与他这样做爱；或打电话告诉他你已在汽车旅馆预订了一间双人房，告诉他你将在那儿等他下班。

恢复浪漫

浪漫，有时要超过性爱，对很多人来说都更具吸引力。如果夫妻间的浪漫依然存在，那么他与私通者的浪漫就不会存在，所以你应将浪漫带回生活中。每周至少一次，应恢复恋爱时的形式，事先计划好一个正式的日期，选择使人感到浪漫的地方，如有烛光、温暖的大壁炉的房间，能使你依偎在他怀里，同时播放轻松柔情的音乐，让两人都能感受到浪漫的气氛。到舒适的乡村旅馆去度周末也十分浪漫，最好再带上一瓶香槟酒，一件小小的礼物，上面写上"我在想你"，这也会带来浪漫气氛。如果能经常说"我爱你"，那么浪漫就依然存在，如在开车的时候向他耳语，或通过电话告诉他。

当夫妻再次认真看待对方，而不是对对方熟视无睹也会使浪漫再现。如果他穿上件新衣服时，你应仔细端详他；或者在你穿上充分表现体形的衣服时让他关注。在非性爱的时候，对对方表示关心十分重要。

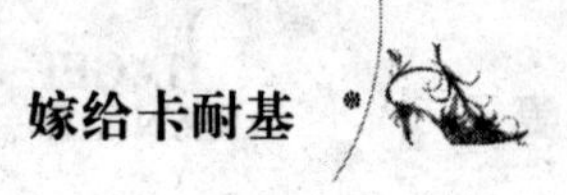

例如，像情人一样手拉手，或在散步时挽着他的胳膊，或在家时拍拍对方的屁股。

使自己成为一个性感的人

很多女人从来没有认真审视自己是否富有性感。一种方法是记录下日常生活中你对性的反应：你是否在听到某段音乐时会感到性欲出现或使你联想到性？你是否认为在街上看到在你面前走过的男人充满性浪漫？你的丝绸内衣或衣服上柔软的织物是否会使你的皮肤有舒适感？你在抚摸衣服上的裘皮部分时是否有性欲？你在读书时是否会因某些描写而感到性冲动？你是否在白天幻想过在某个特别的地方做爱？

有些性学专家建议每天将性的感受及幻觉记录下来，这样就可以培养自己的性欲。除此之外，找到能引起你性欲的东西，你可以将它实践于性爱之中，让他知道拥抱及性爱前的调情准备会使你出现性欲；可以在做爱时将你认为充满性感的音乐打开，或用书中你认为性感的部分引发你的性欲。在做爱时你可以与他分享你对性的幻想，将你最佳的性感地方告诉他。如果你去寻找性感，你肯定会发现它就在你的身上。

重建你的身体形象

有些夫妻拒绝性爱，并且在无意识中压抑自己的性欲，因为他们对自己的身体害羞。这常常是一种隐藏的因素，它使得夫妻双方不得不在暗中做爱，即使一方愿意开灯。黑暗及覆盖东西对他产生的问题也许要超过你的想象，因为这样会中断他欢乐及兴奋的大部分源泉，对男性来说，视觉刺激是性爱不可分割的一部分。

如果你是个不愿暴露身体的人，你也许会找出很多借口。例如，用身体超重做借口避免性爱。当然，有些女人也在寻找超重后边的心理问题，但解决的办法总是比较简单，即去做健身运动。当你对自己身材感觉良好时，你在丈夫面前展现身体也就更加自信。减肥有助于重新唤起丈夫对你的性欲，他也许喜欢瘦型的身材。

很多不忠的男人对自己超重的妻子抱怨不休。在此时，你不应该反对他这种想法，或因此逃避他，而应该想“他应该爱我这个人”。确实，有些男人不在乎你的形象如何，他们的性欲与美感并无联系，但是有许多男人不能在自己的感觉受到伤害时，还能成功做爱。聪明的女人会尊重而不是进一步伤害丈夫对美的感受。

健身减肥的动机只能来自于你自己，因为你丈夫不会对你提出这种要求。假如他提出这一问题，你或许会感到极不自在。你害怕超重，但减肥绝不是一日之功，你无法把身上多余的部分立即去掉。有时，重建你的身体形象会变成你对身体现状的认可，他或许不在乎你身上多余的脂肪，但你感到是个问题。你也许会对自己身上的赘肉、凸出的肚皮及宽大的臀部感到害羞，所以才避开性爱，避免裸露或明亮的灯光。你应该问问他的感觉，让他真实地表露想法。如果他确实对你的身体现状不在乎，那么你就从他的角度来审视自己的身体，设法使自己做到对他有性吸引力。应习惯于从镜中看自己，看看自己身体上美好的部分，如隆起的乳房、漂亮的双腿等，你应以欣赏的目光看到自己的长处。

向丈夫表达出你的爱和幸福感

一句动情的话语，不仅使人感到舒畅、清爽、甜蜜、兴奋，而且容易激起感情的浪花，避免夫妻间不必要的矛盾发生。

戴尔曾经接到一封信，是一位伤心的寡妇写来的。她在信中写道："吉姆从来就不知道，我是多么的爱他、需要他。到了现在，吉姆永远也不会知道了……"戴尔说过，人生最可悲的事情，就是在事情过去以后才发觉自己曾经享受过最珍贵的东西。为了避免这种令人遗憾的事情发生，为什么我们不在拥有的时候就好好珍惜，向身边的人表达出自己的爱和幸福感呢？

有人认为婚后夫妻不需要说什么动情的语言，其实不然，学会用动情的语言，能增加夫妻生活情趣，是恩爱夫妻的感情纽带之一。中国人夫妻间感情不像西方人那样外露，而注重含蓄。但含蓄绝不等于关闭感情的窗口。每个人都懂得不进食会产生饥饿，但许多人不知道缺乏感情交流也会产生"感情饥饿"。拥抱接吻使人得到感情满足，动情恩爱的言语同样使人得到感情满足。医学心理证明：一个人长期得不到感情满足不仅会心情沮丧，而且有可能导致一系列心理障碍和心理疾病。因此，夫妻间善用"动情语言"是至关重要的。

当一方烧好了饭菜，另一方衷心地说一句："你辛苦了，你烧的菜真好吃，谢谢！"一方穿上新衣，另一方马上赞扬说："你今天真漂亮。"出差在外，不妨写几封信，表达平时不易启齿的爱慕之情。一句动情的话语，不仅使人感到舒畅、清爽、甜蜜、兴奋，而且容易激起感情的浪花，避免夫妻间不必要的矛盾发生。因此，无论是青年伴侣，还是老夫老妻，每天都别忘了向爱人表达你的爱意！

不要吝啬说出你的爱，让对方明白，起码这是在按自己的心意快乐着。如果你不知道该怎么表达，很简单，别忘了世界上最动听的那三个字：我爱你。很多人认为，只有恋爱中的人才需要说“我爱你”，其实对于终成眷属的爱人，也同样需要时常说出你的爱。这世上有三个字曾令多少人心潮澎湃，热泪盈眶，只需这三个字，任何再多的语言都显得多余，这三个有魔力的字便是：“我爱你！”这三个字在很多人心目中都是很神圣的，尤其对于初识的恋人，想说却不敢或不好意思说，这样的心情相信很多人都经历过。而当时光流逝，岁月匆匆而过，爱情变得有些疲惫和麻木的时候，你是否还会记得对身边的爱人说这三个字？

也许你已经觉得没有必要，也许你太过忙碌忘了还有这三个字，也许你觉得已经说过的话再说一遍已经没有必要，也许你觉得用行动来表示更有意义。但是，你真的错了，这三个字真的是经久不衰的神奇字眼，它在每个人心目中永远都保持着至高无上的位置，所以，永远都不要忘却它的魅力。

清晨，睁开双眼，对着睡眼惺忪的爱人可以轻轻说出来，相信他一定会立马精神百倍，而且保持一整天的好状态。上班临行，出门之前，也可以抓住某个瞬间，在他耳边轻轻呢喃一句，你一定会看到对方眼中的惊喜和兴奋，你也因此会快乐一整天，关键是，你们的关系也会因此有了新鲜的色彩。其实，这并不难，只是三个字而已，却可以让两人的生活发生很大的变化，也许你想都想不到。

记住，说这三个字的时候，一定要认真，深情款款，千万不可漫不经心，否则你就是在亵渎这神圣的字眼，而且也会让对方觉得你是在敷衍。如果那样的话，还不如不说。说到底，就是你要用心，是发自内心地感叹抒情，而不是一时的心血来潮，像交一份作业式地匆忙没有心情。找个合适的机会吧，你的爱人在期待你带给他的惊喜。

包容的心让你有“情人的眼”

挑剔对方的缺点可能是婚姻最大的敌人之一。当夫妻双方都失去了情人眼，看到的都是对方的缺点和不尽如人意的地方，那么就会产生厌恶感。

为什么情人眼里出西施，你可以说是热切的感情蒙蔽了理智的双眼，所以对方的一切瑕疵都可以视而不见，一切错误都可以被包容。而反过来，如果你能始终拥有一颗宽容的心，包容对方的缺点，那么你不是一样拥有了这双“情人的眼”，而夫妻双方都用情人的眼睛互相看待，婚姻才能持久保鲜。

挑剔对方的缺点可能是婚姻最大的敌人之一。当夫妻双方都失去了情人眼，看到的都是对方的缺点和不尽如人意的地方，那么就会产生厌恶感。久而久之，你会变得更加挑剔，而你们的婚姻也会岌岌可危。而明智的婚姻守护者懂得如何包容对方。

英国著名政治家狄斯瑞利是在35岁时才向一位有钱的、比他大15岁的寡妇恩玛莉求婚的，恩玛莉既不年轻也不美貌，更不聪明，她说话充满了语法和常识上的错误。例如，她“永不知道希腊人和罗马人哪一个在先”，她对服装和屋舍装饰都品位奇异，但狄斯瑞利没有过分挑剔这些。无论恩玛莉在公众场所显出如何随意，或无知，狄斯瑞利都不批评她，也从不责备；而如果有人讥笑她，他便立即站出来护卫她。

狄斯瑞利也并不是毫无缺点，但在30年的婚姻生活中，恩玛莉从未厌倦夸赞她的丈夫。恩玛莉常常幸福地告诉他与她的朋友们：“谢谢他的恩爱，我的一生简直是一幕很长的喜剧。”

正如美国著名的心理学家詹姆士所说的：“与家人交往，第一件应学的事，就是不要只注意对方的缺点，只要那些东西不足以引起我们激烈冲突。”

让自己变得更加包容的几种方法。

想他所想

当你们发生摩擦时，设身处地地站在对方的立场上想想，你会发现也许自己也有50%的责任。认识到他并不是所有麻烦的制造者，会让你减少对他的责怪。

求同存异

没有人是和你受过完全相同的教育和有着完全相同的生活经历的，每个人都会以自己的方式去行事或以自己的观念去考虑和评价问题，要承认有与你不同想法的好人是存在的。而你的另一半自然也是如此。他不可能总是与你持同样的想法，所以有些时候如果意见不同就随他去。

在例数他的缺点之前，先看看他的优点

在婚姻中，妻子往往喜欢数落丈夫的种种不是。当你也有这样的想法时，请先想一想他的优点。不要以“他一无是处”为借口，每个人都有优点。当你能正视这些优点时，你才能客观地与他谈论他的缺点，而不会让他觉得你在无理取闹。

第六章 走出婚姻的疲倦

为何家会伤人

家庭不仅会带来温暖与关怀，同样也会有伤害，尤其是在双方都不懂得处理摩擦与分歧的时候。

每一对走进婚姻的夫妻都是抱着天长地久的美好愿望走在一起，共同组成一个家的。但婚后的生活或多或少都会与他们当初的愿望有出入，甚至还会出现许多意料不到的问题，使原本相爱的两颗心在婚姻当中变得伤痕累累。家，一个如此甜蜜的字眼，为什么有时也会伤人呢？为什么有时两个好人也无法生活在一起呢？很多时候，都是因为一个根本的原因：男女有别。

很多女性总是习惯按照自己的想法来要求别人，尤其是对自己的爱人，不管他愿不愿意，就给他安排这样那样的事情，“强制”他按自己的意愿行事。

人类的大脑分为左脑和右脑，它们的机能各不相同，右脑好奇心旺盛并且极富创造力；左脑则是遵从自己一贯的原则，并具有立体功能。人们使用大脑总是有所偏重。一般而言，男性更多地使用左脑思考，而女性则偏于右脑。男性的大脑是在适应狩猎的活动中逐渐发达起来。他们的大脑为了判断猎物之间的距离练就了空间和方向认知能力，这也就是男性为什么天生就比女性方向感强的原因。而女性大脑的沟通交流能力特别发达，她们细致、敏感，能够通过察言观色来了解对方的心理，直觉也很灵敏。从构造上看，女性左右脑的脑梁部分粗于男性，因此左右脑可以顺利地同时使用。这种生理上的差别就导致了男女的心理、行为、思考方式的不同。

因此，女性朋友们在跟爱人相处时，一定要注意到这点，千万不能把自己的想法强加于他。当你的婚姻出现裂痕时，不要意气用事地大吵一顿，还是静下心来认真地思考一下“为何婚姻会出问题”吧。

美国杂志曾刊出一篇名叫《婚姻为什么会出问题》的文章。下面的这些问题，就是从这篇文章中转载过来的。当你回答这些问题的时候，你大概会发现这些问题很值得一答。假如每个问题你的答复是“是”的话，一题就可得 10 分。

给妻子的问题：

(1) 你是否让丈夫自主地处理公事，并避免批评他交往的人、他所选的秘书，或他所保留的自由时间？

(2) 你是否尽力使家庭生活有品位和有吸引力？

(3) 你是否经常改变口味，使他坐到桌前的时候还弄不明白将会吃什么？

(4) 对于你丈夫的事业，你是否有必要了解，以便跟他做有意义的讨论？

(5) 在家庭出现拮据的时候，你是否能勇敢地、愉快地面对这种情形，并不批评你丈夫的窘境，或把他跟其他成功的人做不利于他的对比？

(6) 对于他的母亲或别的亲戚，你是否尽了最大的努力，以求和他们融洽相处？

(7) 选择衣服时，你是否会留意他对颜色和样式上面的好恶?

(8) 你是否愿意牺牲一点自己的意见?

(9) 你是否尽力掌握丈夫所喜爱的娱乐方式，以便和他共享休闲的时光?

(10) 你是否经常阅读当前的新闻、新书和新技术，以便在智慧、兴趣方面不落后于你的丈夫?

各位走进婚姻的女性朋友，不妨回答一下这 10 个问题，看看你的得分是否及格，你是否能称得上是一位合格的妻子。

不做令丈夫绝望的主妇

有这样一些女人，她们似乎并不深谙为妻之道，所以她们总处理不好跟丈夫之间的关系，总令她们的丈夫感到头痛……

有这样一些女人，她们似乎并不深谙为妻之道，所以她们总处理不好跟丈夫之间的关系，总令她们的丈夫感到头痛。大致来说，主要有以下几类主妇。

娃娃妻子

她老是说："可怜的我——我好无助。"她喜欢扮演无助的角色，好借此强求与控制她的配偶（如"如果我知道该怎么换保险丝的话，我早就换了"）。最后她会真的变得无助，因为她忙于扮演这种角色，而不说出心中真正的感觉，真正的亲密关系也因而受阻。

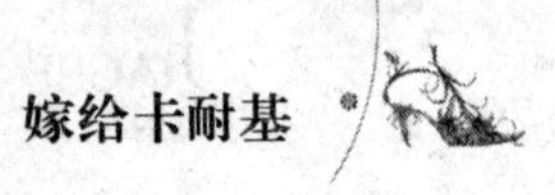

情绪上的勒索者

她会用这样的话做交易："你在宴会里表现那么糟，我实在不能跟你亲热。"她最喜欢的一句话："如果你真爱我，你会这么做。"

扯皮的女人

为了达成目的，她利用间接的侵略行为。她按捺下胸中的愤怒与不满，然后"刚好"忘了在油箱里加油，或是丈夫请她买胶卷的时候，她说："好的，我去买。"但是她并不去买。

挑错者

她从无错误，反而专挑丈夫的毛病。她不断批评"你为什么要在药店买烟，而不在可以打折的地方买呢？"与查问"你汽车去保险了没？"她对他各方面都觉得不满，把自己的问题都怪罪到他头上，两人之间的温情都被她葬送了。这种后果与优柔寡断和太过于被动一样严重。

自我本位者

她关切的完全是自己的需要，若是配偶对她有所要求或期望，她就觉得很不受用。往往她不肯付出——心灵或身体——给丈夫，或者只给他一些她认为他需要的东西，而非他真正要的。

仆人

童年时期所受的"仆人训练"，让她学着取悦父亲，按他要求的具备"女人的温顺"；婚后则转为取悦她的丈夫。她是仆人，他是主人。她毫不注意自己需要什么，偶尔觉得自己的需要也很重要，但她并不会表示。

门徒

她遵循配偶的指引，毫不为自己未来的生活与两人共同的日子打算，完全依照丈夫的旨意，没有自己的看法与意见。有时候他说出他的想法，她甚至不予回答，或者她会说："把你的希望、梦想与恐惧告诉我"，却对自己说："我可不会告诉你这些。"

健康有问题的女人

她一再不做应该做的事，因为她为病痛所苦（紧张性的头痛与溃疡等）——通常都是因心理而引起的疾病。无论病痛是真是假，她都将之当成无所事事的借口。

唠叨，使丈夫陷入不幸

一个男性的婚姻生活是否幸福和他太太的脾气性格息息相关。如果她脾气急躁又唠叨，还没完没了地挑剔，那么即便她拥有普天下的其他美德也都等于零。

一个不能忍受妻子唠叨的男人发电子邮件向朋友们求助说："我需要你们的帮助，我娶了个唠叨皇后，我再也受不了她吹毛求疵、无休无止的抱怨和骚扰了。从我回到家一直到上床睡觉，她总是不停地唠叨。

"我们之间的关系已经到了这样的地步：我们唯一的交流就是她斥责我今天还没有做什么，这周还没有做什么，这个月还没有做什么，甚至指责我从结婚以来还没有做什么。

“我的处境如此艰难，以至于下班都不愿意回家，而是主动向老板要求加班。你相信吗，我宁愿工作也不愿意回家。听她无休止的抱怨对我是很大的折磨。”

戴尔说过：唠叨是爱情的坟墓。但是，很多女人并没有意识到这一点，甚至认为自己的唠叨是对他的爱，以为唠叨可以改变丈夫的缺点。事实上，一个男性的婚姻生活是否幸福和他太太的脾气性格息息相关。如果她脾气急躁又唠叨，还没完没了地挑剔，那么即便她拥有普天下的其他美德也都等于零。

林肯一生中的最大悲剧，不是他的被刺杀，而是他的婚姻。布斯开了枪以后，林肯就不省人事，永远不知道他被杀了；但是 23 年来的每一天，他所得到的是什么呢？根据他律师事务所合伙人荷恩所描述的，是“婚姻不幸的后果”。

“婚姻不幸”只是一种婉转的说法。几乎有四分之一世纪的时间，林肯夫人唠叨着他，骚扰着他，使他不得安宁。她老是抱怨这、抱怨那，老是批评她的丈夫；他的一切，从来就没有对的。他老伛偻着肩膀，走路的样子也很怪。他提起脚步，直上直下的，像一个印第安人。她抱怨他走路没有弹性，姿态不够优雅；她模仿他走路的样子以取笑他，并对他唠叨，要他走路时脚尖先着地，就像她从孟德尔夫人寄宿学校中所学来的那样。他的两只大耳朵成直角地长在他的头上的样子，她不喜欢。她甚至还告诉他，说他鼻子不直，嘴唇太突出，看起来像痨病鬼，手和脚太大，而头又太小。亚伯拉罕·林肯和玛利·陶德，在各方面都是相反的——教育、背景、脾气、爱好以及想法，都是相反的。他们经常使对方不快。

像林肯这样睿智的男人事业成功，竟然吃尽了妻子的唠叨之苦，不免令人报之以同情。

许多家庭破裂都是由琐碎小事而起，而唠叨引发冲突，往往成了破裂的导火索。聪明的妖精女人是不会像唐僧那样整天唠叨个没完的。合适的发泄，适度的表达，往往能让男人更能感受到她们那种温情脉脉的女人味，更加迷恋和疼爱她们。

唠叨的内容

概括起来说，妻子的唠叨有这样一些内容：

(1) 诉说自己的忧愁与烦恼。工作不顺心，受到不公平的待遇，身体不舒适，家务劳累等都想找人说说。

(2) 对丈夫的抱怨。埋怨丈夫花钱不周，下班回家太晚，家务不伸手，子女不教育，等等。

(3) 指责丈夫，发泄自己的不满。丈夫的某个同学荣升，或分到了好房子，得到什么好处，而丈夫却两手空空，于是唠唠叨叨，责备丈夫无能，不争气。有的甚至指手画脚，强令丈夫按她的意思去办。如果对方有难色，就一遍两遍，唠叨个没完。这些话丈夫怎么会爱听呢？他感到厌倦、烦恼是难免的。

妻子为什么爱唠叨？大部分的原因是因为爱，对家庭、对丈夫的爱。因为爱，她就会担心，担心丈夫的身体、事业、安全……因为担心，她就要不停地说，她总认为自己说了，就会引起丈夫足够的重视和警惕，她所担心的那些事情就不会发生。

阻止你的唠叨

不管是出于什么动机，女人的唠叨都是男人所讨厌的，因此，一定要努力克服。在生活中，为了避免唠叨，成为一个安静、可爱的女人，要注意如下几点。

(1) 当自己有满腔的话要说的时候，先要想一想，丈夫现在是否有时间，他的情绪是否正常，这时是否愿意倾听。想说的这些话是否已经讲过了，是否有必要再重复，尽量做到不烦扰丈夫。

(2) 当自己想诉说什么的时候，还要再想一想，自己想说的是什么，是发牢骚，还是遇到了为难的事情？如果是发泄自己的不满和烦躁情绪，最好免开尊口，因为丈夫不是出气筒、受气包，他若是反抗，不但使自己的气出不来，而且还会受更多的气，这样，自己的情绪就会更坏了，要学会自己控制和调节情绪。心里实在烦闷，到街上散散心，看场电影，听听音乐，使烦恼得到一定的排解与转移。如果是遇到了什么难以解开的扣，也要自己先想想对策，不要完全依赖丈夫。这样既可以锻炼自己独立思考和处理问题的能力，又可以缩短与丈夫磋商的时间。

(3) 想用唠叨来测验他的爱的深浅是愚蠢的行为，企图用唠叨控制、左右丈夫，更是极其错误的。爱情的特性是平等、信任和尊重，任何相反的行为，只会损害夫妻之间的爱情。

其实，更多的时候，男人需要的不是爱，而是理解，你试着体会一下丈夫的感受——如果他完全按照你的想法去过日子，那这种日子，对于他还有什么乐趣可言？

(4) 想办法使用温和的方式达成目的。“用甜的东西抓苍蝇，要比用酸的东西有效多了。”这是老祖母常念叨的一句话。其实，这句话到今天还照常适用。“如果你愿意去割草，亲爱的，我将在晚饭时为你烘好你所喜爱的水果饼。”或者是，“亲爱的，真高兴看到你把我们的草地修得这么整齐。艾莲对我说过，她真希望她的丈夫能够像你这样勤快呢。”这些方法，以及其他类似的甜言蜜语，将会使你的愿望比用指责或抱怨的方法更容易达成。

一个充满自信的女性，用不着费尽心思去折磨丈夫的神经，来窥测他爱的温度；也用不着拐弯抹角不敢直接表达自己对他的意见。有理不在言多，一个自立的女性不用靠啰唆来确立自己在家庭中的地位，一个善解人意、通情达理的妻子，一定会赢得丈夫的挚爱。

聪明女人绝不对丈夫说的话

围城中到处潜伏着战争的因素，一个不小心就会引发夫妻的争吵，倘若一方在另一方激动的时候保持冷静的沉默是宽容自信的表现。不该说话的时候闭上嘴，真的是一种美德。

夫妻之间虽然亲密，但不能口无遮拦。否则你不是引发一场无谓的家庭争端，就是成为丈夫眼里不可理喻的女人。有些话，聪明的女人绝不会对丈夫说。

不追问过去

妻子：“说说你的初恋吧！”

丈夫：“不就是你吗！”

妻子：“不是隔壁班级的美女吗！”

丈夫：“没有的事！”

妻子：“她漂亮还是我漂亮？”

丈夫：“你。”

妻子：“我不相信。你就敷衍我吧！她不漂亮你还能留着她们班级的照片？”……

可以猜测得到，这对夫妻最后的谈话一定是以妻子的抱怨做结尾的。结婚的男人不愿意谈论从前的恋人，妻子若是聪明就应该把握现在，而不是一个劲地追问过去的事。

成熟的人不问过去，聪明的人不问现在，豁达的人不问未来。处在

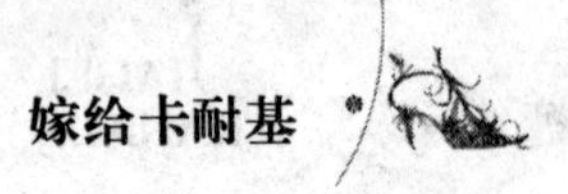

爱中的人们，应该信任不能猜疑，应该宽容不能苛求。

既然爱你，就应该给你一个宽松的环境来享受我的爱。既然爱你，就为你保留一份过去，保留一份尊严，连同你的秘密一起去爱。过去了的事情问了也没有用，如果你认为需要告诉我，你自己会说的，倘若你不想说，我即使是问你你也不愿意回答，说不定还会用谎言来欺骗我。把你的秘密放在风里，而不是在心中，彼此都会感觉到轻松。

不追问是否爱

曾经有个男人说，“刚开始，妻子问我是不是爱她，我都充满柔情地告诉她爱，后来次数多了，回答得我都感到了是敷衍，我心里真的感到很烦了，可我又不能和老婆急，感觉像例行公事。”

女人心中的浪漫，常是男人口中的噩梦。如果没有一句“我爱你!”女人就会惶惶不可终日。而从小被教育应该表现阳刚才不失男子气概的男人，有个根深蒂固的观念：“把‘我爱你!’挂在嘴边，是很‘娘娘腔’的行为!”所以他们宁可用其他方式来表达爱意。男人认为努力工作，赚钱养家就是爱的最佳证明了。

女人喜欢甜言蜜语，但如果希望得到一个敷衍的回答，就天天追问丈夫是不是爱吧。聪明的女人，闭上嘴巴，学会用心去感觉。

不戳破他的小把戏

杰西卡的丈夫经常给她讲一些笑话，而无论听过多少遍，杰西卡总是能笑得花枝乱颤。我问她，都听过那么多遍，你怎么还能笑得那么开心？杰西卡说：“他那么做还不是想让我开心!”

杰西卡生日快到了，其实好友很早就告诉她，丈夫在为她准备生日惊喜，而且连细节都告诉她了，但是杰西卡装作不知道。生日那天，丈夫很早就出门了，还告诉她晚上不用等他回来吃饭，杰西卡装作很失望的样子，看见丈夫眼中强忍的笑意，突然觉得即使装傻也是一种幸福。

晚上还没到下班时间丈夫就回来了，还给杰西卡带回很大的蛋糕，看着她震惊的样子，丈夫控制不住地笑，杰西卡也在笑，可是为什么而笑，杰西卡却永远都不告诉丈夫。

是啊，男人总是在弄一些小把戏，也许是为了爱情的浪漫，也许是为了博取爱人的欢心，也许是吹吹牛满足一下自尊，这时候女人不要戳破，只要爱人得到快乐，轻松一点装傻附和他又有什么难的。

不做长舌妇

在欧洲有这样一则往事。

数百年来一直亲如一家的一个和睦村庄，突然产生了邻里关系的无穷麻烦，本来一见面都要真诚地道一声“早安”的村民们，现在都怒目相向。几乎家家户户都成了仇敌。

原来不久前刚搬到村子里来的一位巡警的妻子是个爱搬弄是非的长舌妇，全部恶果都来自于她不负责任的窃窃私语。村民知道上了当，不再理这个女人。她后来很快也搬走了，但村民间的和睦关系再也无法修复。大家很少往来，一到夜间，早早地关起门来，谁也不理谁。

东家长，西家短，似乎不说点什么就不舒服，听不到别人家的事就寝食难安，可是在满足自己好奇心的时候我都牢记一个原则，不要传播一些伤害别人的话。即使不能阻止别人说，听过也就算了，不能自己再去对别人说，因为舌头，是世界上最毒的。

不互相揭短

美国西雅图华盛顿大学社会学教授、《爱在平等间：如何真正让婚姻平等》一书的作者、哲学博士佩伯·施沃兹指出：使用“总是”或者“从不”这样的字眼，你的丈夫“此刻就不可能和你进行正常的交谈”。

曾经有一位丈夫在和妻子一场争吵后，12 年都没有和妻子说一句话，因为妻子骂了他一句“你这个垃圾堆里长大的男人”。妻子这句话刺伤了他的自尊心。懂事的孩子和年迈的老人想了很多办法让他们和好，但没有效果，他妻子为这句话后悔不已，她想想当年也不是因为多大的事争执起来的，要是冷静一点就不会说出那样的话了。

丹佛大学心理学教授、《为婚姻而战：避免离婚并让爱情持久的法则》一书的作者、哲学博士赫沃德·玛克曼博士认为，“通常妻子对丈夫最大的抱怨是他们完全不和你说什么；而丈夫们最一致的看法却是说得太多会引起争执。”因此他建议：“如果你想你的丈夫不仅听你说而且更多地和你交流，就要始终做到心平气和。”

善待丈夫的不良习惯

世界上没有十全十美的人——正像你也不是完人一样。对于爱人在婚后生活上呈现出来的缺点，你应当冷静地进行分析，满腔热情地帮助他克服。

有一位女士结婚前就知道丈夫喜欢酗酒，但她乐观地认为：“酗酒不过是一种小毛病，很容易克服的。更何况，他很少饮酒过度。如果他很爱我，我想他会努力克制自己的。”然而，婚姻却使他更加紧张，甚至比以前喝得更厉害了。

还有一位妻子，丈夫非常迷恋高尔夫球。结婚前她从来没有为这些事伤过脑筋，但是结婚后，丈夫照样每逢周末就和朋友们一起去玩球，而把她丢在家里不管，于是，妻子开始抱怨丈夫让她独守空房。

由于一些女性对于结婚、组建家庭、养育孩子有着强烈的向往，以至于婚前她们会认为丈夫不易觉察的缺点和小毛病算不了什么，态度有些盲目乐观。另外还有一个原因是大多数女性存在着一种潜意识，她们心中存在着一种幻想，相信“爱情可以改变一切”。但是，在很多情况下，只有正确健康的爱情观才能解决这些婚姻问题。有一句话“爱情需要耐心和友善”，因此健康、成熟的爱情少不了耐心的品质，不成熟的爱情达不到持久的效果。

不管怎样，都不要施展你指责、埋怨的本领，更不能强迫命令。你要明白，你批评的次数越多，丈夫就离你越远，哪怕你说得完全正确，也无法完全左右他。记住：“爱情能带来一切希望！”对于丈夫没完没了地喝酒，整日流连于高尔夫球场，专心致志地看电视，对于他完全不理会你、不记得你们的结婚纪念日，对于他的粗心大意、蛮不讲理等等缺点，如果你用发脾气的方式宣泄不满或者表现出受伤的态度，实际上都收不到任何效果。

那么，当你发现自己的丈夫的缺点时，如何避开口舌之争，还能让他心甘情愿地为你做出改变呢？关键在于女性的言语方式。婚姻中光有爱是不够的，女人还要学会如何表达你的爱意。比如当你想引导你的丈夫改掉某些恶习时，最好以柔克刚，温柔地说出来，这样才能掌握主动，让婚姻在磨合的过程中更亲密、更融洽、更快乐。

世界上没有十全十美的人——正像你也不是完人一样。对于爱人在婚后生活上呈现出来的缺点，应当冷静地进行分析，满腔热情地帮助他克服。不能整天口角不断，那样不利于夫妻感情的培养；不能有意识地去“改造”对方，这样的努力十之八九会失败。只有通过婚后生活的潜移默化，才能使他的个性自然而然地发生变化。

幸福，让支配欲走开

并非所有的人结婚都是为了追求幸福和快乐，有些人其实更在乎永远正确。他们找一个伴侣，仿佛就是为了和这个人建立这样一种关系：你总是错误，而我永远正确。

支配欲望完全能以在日常生活中各种场合的表现来推断，在家庭中，女人的支配欲是为了显示自己权威的地位和强者的立场。值得注意的是，对别人采取不客气、高压的态度的大都是女性。这是为什么呢?社会地位赋予她优越感。结果，她摆架子，产生骄傲自满的行为，目空一切。

我们也可以在公司的女职员身上看到这一现象，老小姐或旧职员对新进来的女职员会颐指气使。这是因为她们要和她有所“区别”所表现出来的举动，而其背景则是“入社年龄差”这个问题。女性假如没有什么“区别”的话，委屈和不平衡就会光临她。究其根源，都是因为她们平常不能充分享受优越感，一旦跳上高位就会产生心理和行为落差。她心里所想的就是“现在我们是有区别的!”即使没对方也没有什么好比较，她也要举出一些外在的条件来比较一番，譬如年龄、经验、学历、容貌等，在优越感之中无法自拔，心里感到非常满意和安心。优越感成了她确定自己存在的唯一方式。

毫无疑问，有的女人如果认为自己处在较高的地位时，会成为施虐狂，支配男人做各种事。即使对于处在支配地位的男人，如果具有一定的条件，女人们也会煞费苦心来支配并干预他们的行动。

现实生活中，这种行为有时便引申到女人与女人之间。女性对丈夫形象外表的干预，是出于混沌的支配观念。每当丈夫的形象受到别人指指戳戳的时候，如同自己被人羞辱一样的难堪，因为她把自己和丈夫也合二为一了。

这样的女性在与其他女性的残酷比较中，只好逼迫她丈夫或恋人按自己的意志在形象外表上“加工”得尽善尽美。如果丈夫对老婆说：“我喜欢穿这套衣服，穿在我的身上，我穿我的与你无关。”那么，就可能招来一场小小的风波或下一场雷阵雨，她无法接受你对她的鉴别与支配能力的否定。男人权力是夺来的，而女人的权力是给予的，有些女性特有的虐待的性格由此而来。她们在女人和女人的争斗中能亲身体会到打击、玩弄弱者的快感。为了无限延续这种快感，她们通常都在背后使用阴险的伎俩，永不肯罢休地“整理”对方。并且这种“修理”别人——无论是男性和女性的满足欲和成功感，随着对方的痛苦程度而成正比例地加深和蔓延，有时会令女人因此而扭曲和变形，让人觉得恐怖。有一张狰狞的脸和一颗蛇蝎之心的女人，应该是令全世界男人感到末日即将到来的天大灾难了。

已婚男人听力退化得厉害，工作了一天的妻子回到家，见丈夫的身子和沙发亲密无间地接触在一起，于是扯掉他手里的报纸，低吼：“听见没有，拖地板!”还不动，只朝你翻翻白眼，让女人开始怀疑男人的听力退化得非常严重。“你去不去?”声调是高八度的，两手叉腰，火山就要喷发，男人才如梦初醒，一个跟头翻到扫帚边，“扫，扫，我扫了还不行么，何必这么大火气，说话不会轻点么。”设身处地地进行一次换位思考：丈夫为什么会听力迅速衰退得如此厉害呢？妻子的控制欲与支配欲过强是否造成了男人们的逆反心理呢？

吵架也是一种艺术

和谐的婚姻，并不在于两个人志同道合，完全没有争吵，而在于争吵发生后，彼此如何处理与面对，这是婚姻生活中很重要的一门学问。

关于夫妻之间的争吵，普遍认为这是一件正常的事情，所以身处婚姻中的男女没有必要将生活中的吵架当做是一件多么了不得的事情，甚至因此认为你们的婚姻进入危机，应以一颗平常心对待彼此之间的分歧和争吵。要知道，和谐的婚姻，并不在于两个人志同道合，完全没有争吵，而在于争吵发生后，彼此如何处理与面对，这是婚姻生活中很重要的一门学问。

适当的吵架能把生活中的问题明朗化

不管是恩爱夫妻，还是感情一般的夫妻，面对生活中的某些问题，必然会有吵架。吵架一方面会影响感情，另一方面，却能使婚姻中的问题明朗化。

夫妻之间的成长经历、生活习惯、家庭背景的差异，文化水平的差距和社会经济地位的不同等，对子女教育态度的不一致，对双方父母的照顾不平衡等都可能成为夫妻矛盾的导火索。争吵似乎也成了平常之事，也是对家庭问题提出的行之有效的方式，就某一个问题提出疑问，夫妻双方各抒己见，进行探讨，最终找到解决问题的办法。

夫妻之间应该凡事互相商量，多作自我批评，增进相互理解，加强情感沟通，但生活中应该的事情太多了，夫妻关系不可能总是这样一种境界。人的本质有很多劣根性，夫妻之间有时也是“欺软怕硬”。婚姻中仅仅有爱情是不够的，责任感对婚姻的幸福是必不可少的，吵架在特定的情况下也是一种传递和增强责任感的方式。如果一方根据自己的喜好生活，比如说丈夫酗酒成性，妻子屡劝不改，自然会影响彼此之间的感情；比如说妻子只知道自我享乐，不关心家中的事务，整天去歌舞厅或打麻将，这也会让家庭幸福指数降低。每个家庭中夫妻双方的地位角色不同，自然在面对问题，解决问题形式上也会有所不同。人与人的感情需要交流，夫妻间更需要保持沟通。语言在这个时候不再只是甜蜜一种味道，摆事实讲道理的过程中免不了会有争辩，吵架也就在所难免。如果不是爱，那么吵架只是家庭的“战争”；如果是为了爱，那么夫妻吵架就是一种沟通方式。

事实上，夫妻间的正常争吵并不会伤害彼此的感情，争辩的结果应该是了解彼此真实的想法，达到和谐的目的，能把夫妻两人之间可能存在的问题明朗化，解决冲突，达到和谐。

夫妻吵架应遵循的原则

夫妻之间争吵时应遵循以下三个原则。

一是争吵时先调整心情，再处理事情。夫妻吵架往往不在于是谁的对错，而在于双方的心情好坏。心情好，能把坏事看成好事；心情不好，能把好事看成坏事。一些夫妻往往把对方的优点、短处忽略不计，或看做理所当然，而单单斤斤计较对方的缺点、毛病，总是将这些看在眼里，烦在心里，就会挑剔、指责不断、吵架不止。夫妻间如果一方长期被挑剔、否定、指责，一定会发泄不快，导致心情沮丧，夫妻吵架就在所难免，而且会由小吵到大吵，由善意转变成恶意。

二是不要企图改变对方，而要先努力改变自己。夫妻之间在一起共同生活，但是二人的兴趣、爱好、性格以及思维模式和行为习惯很少有完全相同的，所以，各自对待生活的态度、处理事情的思想和方法会有很多不同之处。恩爱夫妻都有着共同的特点就是，都能互相包容和顺应，而不能企图抹杀或改变，更不能企图把自己的兴趣、爱好、思维模式及行为习惯强加给对方。

三是夫妻争吵时不求胜利，只求沟通。夫妻吵架不必争谁输谁赢，只要在吵架中把自己心中的不满“吵”给对方就够了。有时大家说，吵架是一种强烈的沟通形式，因为通过吵架，即使对方没有完全接受你的观点、想法或意见，也已起到了交流感受、想法、意见的作用。尽管吵架是一种被动的沟通，但是，它比夫妻间有气发不出来，而闷在心里好得多。

夫妻吵架不求胜利，只求沟通的另一个方面是“不讲道理”是真道理。因为夫妻吵架，很少由原则问题引起，不必较真。如果凡事都较真，非要争出个谁对谁错的道理来，那么“较真”本身就已经错了。

吵架的“忌语”

夫妻吵架时，彼此都处在不冷静的状态，脑子一热，什么事都干得出来，什么话也都说得出来。双方却不愿意去考虑：有些事做了，有些话说了，也许是自讨没趣，也许是劳民伤财，也许是无法收场，也许会给对方的心灵造成永远无法弥补的创伤。

记住：以下的话以及与之相类似的话，属于争吵中的“忌语”，这些话是最容易伤害夫妻感情的。如果你希望自己的爱情能够天长地久，夫妻能够白头偕老，不管你当时怎样生气与动怒，也不能将之说出口。

1．窝囊废（真没用）。

2．跟你结婚真是倒了八辈子霉。

3．人家好，你就跟人家过去吧。

4．当初我真是瞎了眼，竟然嫁给你！

5．要不是看在孩子的分上，告诉你，我早和你离婚了，我一分钟都不想在你们家多待！

6. 你给我滚蛋！滚得远远的，我再也不想看见你！

7. 我对你已经绝望了，你爱怎么着就怎么着吧，我不管了，还不行么？

创造双赢的夫妻沟通

婚姻使处于两个不同家庭中的男女走到一起，开始了后半生的生活，这就意味着在认识、结婚以前，你和你的爱人都已经有了自己的生活经历，都已经形成了自己的人生观、价值观。你们为了爱、为了家庭走到了一起，如果在婚后不能及时地进行更深、更全面的了解与沟通，要想幸福是无法想象的。

在社交艺术中，有一条经验为：沉默是金。而家庭内，特别是夫妻间，如果也“不苟言笑”，或感到“无话可说”，那你就得警惕了，两个人的关系是不是出现了危机。

娶老婆，除生儿育女繁衍后代外，还有一个重要的好处，那就是夜半时分，两个人各抱一个枕头，说“枕边话”。话题从不受限制，身心放松，温情脉脉，却又自由自在。有些话与朋友、同事或上司进行交流，可能成为坏话、性骚扰或阿谀奉承……但夫妻间小声密谈，却是一种享受，一种亲密的沟通。所谓坦诚相见，不交谈怎么体现？交谈可以让对方知道自己心里想什么，也从对方的言谈中，了解他的需要、渴求，甚至忧虑。用心交谈，比接吻质朴、深远，娓娓叙来，一种“同谋”的感觉，使得两人更感性地领略到什么叫“知心”，什么叫“战友”……

曾见过两个女人吵架，其中一个像泼妇一样地谩骂对方；而另一个却微笑地看着她，一声不吭，除了微笑还是微笑。想不到，那“泼妇”看她这神态，更是气急败坏，语无伦次。“不说话”成为吵架的利器，也从另一方面证明，人们是很渴望对话的。一对原先不分彼此的男女，如果到了无话可说，或有话不说的地步，那无疑是在受罪。

有一个年轻人，叫迈克，他曾追求一个女孩，费尽心机。最后两个人结婚了，但此时迈克的心情只有恨了，他觉得曾经的“久攻不下”，只是因为女方的故意刁难，所以便产生了一种畸形的报复心理。而他的报复手段很简单，那就是结婚5年来，他坚决不与妻子说一句话。当他妻子再也无法忍受这种“令人窒息”的家庭氛围时，她向电视台记者曝光了自己老公的残酷报复行径。在“全国人民”的声援下，她终于和丈夫离了婚。她终于解放了，而这种解放的标志，即可以找另一个人分享“悄悄话”……

家庭是语言的垃圾箱，也是言语的后花园，好话、坏话、情话、笑话，几乎什么都可以与另一半一起面对，这是一种信任，也是一种抒情。您可以对老公说“讨厌”，但对男同事就不一定去说了；您可以叫老婆“猫儿”或“狗儿”，但对朋友这么称呼，不是显得太肉麻，就是不礼貌。更重要的是，夫妻夜谈，可以消除误会，比如，老公下班回来，给妻子一个拥抱，敏感的妻子从他身上闻到一种香味，于是，她就想：肯定他与哪个狐狸精拥抱过……越想越气，越气越不想说话，最后只好大吵一场。试想，如果当时能捏一下老公的脸，说：“你身上沾了哪一个女人的香味?”她老公一定会笑着告诉她，是同办公室的一位先生故意把香水洒在他身上，让他回去‘不好交代’……这纯粹是一个玩笑，但因为彼此回家不说，结果误会加剧，战争爆发。真应了那句俗话：灯不点不亮，话不说不明。

曾经有一对夫妻，在报纸上看到一则拍卖广告，都对其中的一幅油画很满意，当时，他们都决心买下来，但都没说。拍卖当天，会场上人山人海，他们两人分头进入会场。在几次举手投标后，妻子发现有人跟她竞拍，便一鼓作气，不断叫价，最后以超过底价五倍的价钱买下了这幅油画。结果散场时，妻子才发现，那个竞争对手竟是自己的丈夫。

不久前，日本一家人寿保险公司做了一次调查，发现日本夫妇，每天一般可交谈 1 小时 50 分钟，对此，他们觉得奇怪，日本夫妻每天竟有这么长时间在交谈。后来经过进一步核实，才发现不是“交谈”，大多数情况下，是妻子在嘀咕，丈夫只是偶然点头或“哦唔”一声而已。调查还发现，日本丈夫和太太的谈话主题有三大项，就是“吃饭”“洗澡”和“睡觉”。对此，日本有位婚姻专家分析指出，日本离婚人数越来越多的一个主要原因，就是日本夫妻的“交谈”次数越来越少。如此看来，夫妻间的感情接触，随时随地都可以进行的就是谈心。

夫妻沟通的技巧

夫妻间的沟通确实是一门大学问，要实现双赢的夫妻沟通，非掌握一定的沟通技巧不可。

首先，要知道沟通什么。

(1) 说得多，不如说得好。谈到沟通，不少人误以为必须把心里的想法和感受全部讲出来。其实夫妻双方必须过滤说话的内容，对伤害夫妻关系的内容就不要说。

(2) 完全坦白，不如留有余地。常见的婚姻误区是：夫妻之间必须绝对地坦白，不可有个人隐私，说话毫无保留，结果却使得对方产生负面情绪，负面情绪累积多了，将不利于婚姻关系。

其次，要知道何时沟通。

许多人只顾自己的情绪，一吐为快，却忽视了听者是否听得进去。当一个人心中郁闷的时候，将不再有心思去倾听配偶的诉说，反过来也会使诉说者因不受重视而心生不满。所以，夫妻双方相互沟通之际，最好选择双方心平气和的时候，才能产生好的结果。

最后，要懂得如何沟通。

(1) 沟通时，倾听比说更重要。

在沟通时，许多女人往往急着表达自己的意见，忽视了对方在说什么而各说各的，使沟通效果大打折扣。耐心倾听，并给予适当而简短的反应，例如，“原来如此……”“是……”以及点头，让对方知道您正在听，也会让对方感受到被尊重。

(2) 接纳。不论您听到什么，也不管对方的表达内容是对是错，先别急着辩驳或去指正，试着去承认对方真的有此感受，才能够使他愿意放下防卫，弱化个人的坚持，进而聆听您所说的话。认可对方并非表示同意对方的观点，只是表示您能够体会到他的个人感受。

(3) 澄清。学习在沟通过程中给对方反馈，将您所听到的告诉他“你的意思是……” “你是说……吗?”可避免因听错而产生不必要的误会。

(4) 运用“我信息”。许多人常喜欢用“你信息”来沟通：“你不准这样……”“你难道不能……”这容易让对方感受到威胁，而引起反抗心理，或者激怒对方而引发矛盾。若运用“我信息”，以我开头，“我觉得……”“因为……我”则较无攻击性，让听者有较大的心理空间来思考你所说的话，而且用“我”开头，表示说话者自己负起这次沟通的责任；若用“你”来叙述，则把过错丢给听者，容易激起听者的负面情绪。

(5) 表里如一的沟通。当你内在的想法与表达出来的信息一致时，一方面可以让你照顾到自己内在的需求，另一方面让配偶知道你到底要什么，才能重视你的问题。这样的沟通，才能顾及双方感受。

(6) 具体化。说话者要尽可能把自己的感受与期待明确地表达出来，简单、具体、明确，能让对方清楚你要表达的重点。

(7) 多用正向的语意。例如，“记得把用过的杯子拿到厨房放好”，将比“每次喝完开水，杯子总是乱放”这样的指责来得好。

(8) 不可用威胁、羞辱等伤害性或批评性的言语。

女人的沟通目的是希望自己的信息能被尊重与接纳，如果用具有伤害性或批评性的方式来传达，对方会产生巨大的防卫心理和负面情绪，这样会让双方陷入情绪的互动中，失去沟通的目的。

(9) 别陷入是非对错之争。

女人的沟通目的在于交换信息以解决问题，增进了解或促进关系。但是夫妻沟通时，女人常把注意力放在谁是谁非上，意见的沟通变成意气之争，沟通时若不能对事不对人，则容易造成彼此的伤害。而沟通时无法就事论事，主要是受到思维方式的影响。

(10) 欣赏与鼓励、包容与谅解。

增进两人的情意，随时为两人的情感亲密度加温的沟通，可为夫妻之间的和谐美满打下深厚的基础。为了维护良好的婚姻关系，必须有能力做清楚有效的沟通，而沟通是需要学习的，如何通过沟通化解因男女差异而产生的矛盾是很重要的。

记住，沟通时，女人要听听对方内心的期待与渴望，用“我相信”当做开头，不论对错先别急着辩驳，试着了解对方的感受，告诉对方你听到了什么，避免彼此产生不必要的误解，想想沟通的目的何在，从而创造双赢的夫妻沟通。

避免错误的交流

女人常会一而再、再而三地犯同样的错误，总会把喋喋不休的唠叨当做兴致勃勃的谈话。有时她希望通过这种方式和男人保持一种密切关系，殊不知常令男人谈兴尽丧、缄口不语、兴味索然。常见的有六种情景。

情景一：下班后，你仍然追问他的工作情况。

本来两人正在一起愉快地交流，她却突然冒出一句“今天工作如何”，他只是嘟哝了一句“凑合吧”，就盯着体育节目不理了。也许她怎么也搞不懂为什么自己被冷落了。因为刚下班后不是跟男人谈正事的好时机。女人以为下班后聊天是与男人增进感情的一个好方式，但男人愿意只是与你在一起享受无言的宁静与温馨，不愿提及工作的事情，现在工作的节奏和压力已难以承受得了。这种沉默行为也有他生理上的原因，男人的大脑在处理某件事时是相对专注的。当男人沉思于工作或专注于球赛时，他的大脑正忙于逻辑思维，而此时他的语言功能正处于休眠状态。

情景二：女人说话时，死盯着男人的眼睛。

不知你有没有注意到这样一个现象：如果你直直地盯着一条狗的眼睛，它可能会以为你有敌意而避开你，甚至会扑上来咬你。男人的反应也大致如此。

男人和女人在跟同性谈话时，男女坐的位置和目光交流的方式是有所不同的。女人面对面坐着，倚靠在沙发上，眼睛直视对方；男人则肩并肩坐或对角坐，眼睛环视周围。对于女人来说，面对一个老是注视着天花板上剥落的油漆的男人，她是很难敞开心扉的；而对于男人而言，谈话时有人盯着他，会让他们局促不安，难以放松。

为了避开男性这个特殊的习惯，你可以利用你在他身旁的机会同他交谈，如在车内、在电影院等，只要你不死盯着他的眼睛，他就会很舒适放松地与你进行交谈。

情景三：女人总期望和男人进行长时间的交谈。

男人的谈话既实际又有目的，所以当你进入闲聊状态时，男人会失去谈话的兴趣。男人是以音节为单位来思考和谈话的。这就是男女两性的基本差别之一。女人用谈话作为两人关系的柔和剂，她们对男人无所不谈以求密切关系。而男人则喜欢有既定目的的谈话。当你只是陶醉于有话可说的闲聊状态时，他却可能因为抓不住你的谈话要点而一头雾水，兴趣全无。这时男人可能会中止你的谈话。和男人交流千万不要只顾塞满男人每一个沉默的时刻，而是要有合适的话题、稳定的主题。谈话时间太长，会令男人厌烦。女人在沉默时感到不安，男人则不然。所以，如果你想打破沉默，也不要老是喋喋不休，这样反而会令男人有意避开你，缄口不言，结果适得其反。

情景四：女人企图通过不断提及她和男人的关系来保持两人关系的热度。

很多的女人都会在不同场合问身边的男人“我们的关系好吗？你爱我吗？”但是，不断逼问男人类似的问题，会令他离你远去，女人总是在不断提到她与男人的关系时，才感到两人的关系正常与和谐，而男人则恰恰相反，如果他认为两人关系正常，就不会提及它。女人需要细心冷静地检查男人的行为，了解男人的特性，而不用逼迫他说出心中不想说的话。因为他可能不会直接告诉你，但是你可以通过他的一些无声的行为来判断他是否幸福。握着他的手，亲吻他，抚摸他，看他是否回应你的温情。男人更愿意通过行动而不是言语来表达感情。

情景五：诚实到不顾男人的感受。

虽然说诚实和信任是维护两人关系的基础，但有时女人最好放弃“不告诉他会伤害他”这个观念。“女人容易以为如果不告诉对方，就会或多或少地破坏两人的关系”，但是男人却只在有确定必要的理由时，才会告诉你一些事实的真相。

女人诚实的全盘托出比保留一点无伤大雅的秘密，对男人的伤害更大。所以说：“绝对的诚实也可能是很残忍的。”如果一个女人把她和前任男友一起如何销魂全盘托出，那就大错特错了，它会让现在的男友受到极大的伤害。

情景六：女人用沉默来惩罚男人。

很多时候男人惹恼了女人，女人总是装作冷若冰霜，沉默不语，她想让男人主动检讨一下发生问题的原因。“女人利用沉默战术是因为她们认为在两人关系中男人多数处于主动地位，让他向你主动认错会使你

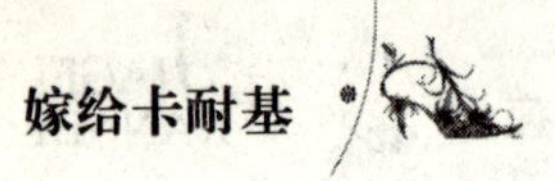

感觉被重视。”

可是，女人的这种报复心理是白费心机：男人特别不擅长解读这些微妙的体态语言。这样做简直是对牛弹琴。而且即使你的行为非常明显，最木讷的男人都能看出你的意图，他可能仍然一声不吭。男人认为沉默战术是一种无声的控制行为，男人的对策是“如果她想要我干什么，她直截了当地说好了，摆什么谱?!”遇到这种情况，女人千万不要控制不住自己的情绪把他大骂一顿，最好的方法是过一段时间，自己冷静下来之后告诉他，你对他哪儿不满，此时他会愉快地接受你的批评。

总之，女人追求和男人和谐地交流是有必要的，但要注意把握谈话的技巧和风格，千万不要在错误的时间、错误的地点，谈一些错误的话题。齐瑞尔·克朗有一番说得很好的话，可以此为忠告：“男人和女人的交流方式有所不同，女人的谈话比较感性，是真实情感的流露，而男人的谈话却趋向于实际。所以，女人不要勉强男人跟你的想法一致。”

在双重角色中做个好女人

女性无论是打造一份成功的事业，还是维系一段幸福的婚姻，都绝非易事，想要两者兼得就更难了。但是越来越多的女性都敢于接受这个挑战，虽然就像是走钢丝一样顶着重重的压力与危险……

很多女性认为在工作和生活之间只能选择其一，如果努力工作，就不能顾及生活。当有的女性为了家庭忽略了工作，甚至放弃工作时，她们的理由是堂而皇之的，不能够两者兼顾，想要照顾好家庭，必然只能将工作放轻、放弃。但是，我们会发现，很多成功的女性拥有着双重的幸福，来自工作的和来自家庭的。

俗话说“鱼和熊掌不能兼得”，这句话也没有错，但是，需要指明的是，生活与工作并不是互为冲突的，主要原因在于我们不能放弃其中的任何一个。对美好生活的向往是每一个人的期望，然而，如果只拥有美好幸福的生活而失去工作带来的幸福，生活就会缺少一种色彩，那么，我们为什么不能合理地分配时间，合理地安排它们，得到双重的幸福呢？

其实，女性之所以处理不好二者之间的关系，有很大一部分原因是因为没有一个良好的心态，而且不会安排自己的时间。如果能利用有效的时间把工作处理好，高效率地工作，那就不用占用很多生活的时间。实际生活中，我们经常会看到这样一些人，工作时，喜欢拖延，做一些与工作无关的私事，比如把与朋友沟通的时间安排到工作时间里去，每天都要打电话给朋友。实际上，多数的电话都是无关紧要的，不是紧急事务最好不要浪费工作时间去打电话，因为这样做的结果会造成工作没有做好，同时也不得不去加班完成工作。这时候，她们就认为工作和生活是矛盾的，两者之间只能选择其一。

有很多人曾问杰克·韦尔奇这样一个问题，为什么你会有那么多时间去打高尔夫球，还能继续干好 CEO 的工作呢？他是这样做出解释的：就是正确地把握好生活与工作的平衡关系。例如要如何去管理生活，如何支配时间，应该把多少精力和时间放在工作上这些问题。

已婚女性要学会用两种面孔去对待事业和家庭，避免事业和家庭之间出现“中间地带”，这样，你才会尝到家庭事业双丰收的甜头。具体来说，我们需要制订循序渐进的行动计划。

第一步，重新考虑事物的优先级。

有时候，女性可能觉得必须在成功的事业和家庭生活之间做出选择。但是广泛的调查结果显示，你可以两者兼顾，不必放弃同等重要的两件事中的任何一件。首先你要树立这样一个信念：既要事业有成，也要家庭美满，你可以在同一时间框架内实现这两个目标，不要将其中之一往后推延，牺牲其合理时间用于达成另一目标。必须好好考虑，你究竟重视什么，想要什么。在寻求并保持事业和家庭生活的平衡这一过程中，必须积极主动地负起责任。

平衡就是不断适应变化进行调整的过程，在这一过程中，女性要力求使生命中最重要的两样东西——家庭和事业保持一种和谐关系。因为不断会有变化对我们的生活造成冲击，只有持之以恒地付出努力，才可以保持这种平衡。正因如此，我们说平衡是一个过程，而并非某种状态。

平衡不是平均，平衡并不意味着精力或时间在事业和家庭间的五五分成。有些人觉得将60%的精力投入工作，40%的精力投入家庭生活是平衡的，而另一些人可能会选择将更多的注意力投入家庭。对此，你可以按照这样的步骤进行选择。

第二步，追求创造平衡的过程。

获得平衡取决于对这样一个过程的追求，这个过程包括排列事件优先级，实现前瞻性的预期，划定行动边界，设立内部标准。这里的底线是，你要用自己的观点来阐释什么是事业和家庭的成功。

首先，我们要正视这样一个简单的现实，事业和生活的平衡不会凭空而降，而是要靠我们自己来经营。

其次，我们应及早设定工作和生活各自的边界。工作像水一样，充满你赋予它的空间。这意味着，你必须设定边界，限定你的工作所能占用的空间。设定边界的方法之一就是设定事件的优先级，我们要知道哪些事是最重要的，哪些事是我们必须放弃的。选择过程中，我们既要从事业的视角去考虑，也要从家庭的角度出发。不必患得患失，对于生活中哪些是我们真正想要的，我们要做出重大抉择并至少在一定时间段内持之以恒。

再次，根据自己的条件来定义成功。随着个人财富的增长，我们对

“拥有多少钱才算足够”的概念可能会不断变化。交往中，比我们富有的人越多，越让我们认为自己拥有的还远远不够。领导者们随着职业生涯的晋升，尤其容易陷入这种攀比的怪圈。

根据自己的条件来定义成功，参考内部标准——你的自我感觉、家庭成员的自我感觉、你对他人的贡献和自我成长等，停止使用外部标准——其他人的成功、收入、地位、财富、资产或是获得的东西。

不管怎样，既然已经步入职场，职业女性就必须保持工作和生活并重。工作不仅满足女性对物质的要求，也满足女性对生活丰富性的要求，包括虚荣心和成就感。成功的职业女性不应该是一个一成不变的角色，而是可以胜任“白领丽人”和“家庭主妇”双重称谓的平衡高手。

避免做纯粹的家庭主妇

很多妻子想通过“回归家庭”来逃避社会竞争，但平庸而闭塞的家庭生活又使她们丧失了对新事物的敏感度而变得“心灵失明”，当有一天夫妻之间不再有共同话题时，悲剧就难以避免。

在现实生活中，很多女性从未对自己在婚前婚后的反差进行过思考：我为什么会在结婚几年后，变成了一个迷迷糊糊的家庭主妇？变成一个只关心油盐酱醋和丈夫孩子的市井妇人？

如果她们能沿着这条思路追根溯源想下去，就会发现问题的症结：即大多数女性在结婚后总是沿着“女主内、男主外”这样一条传统的思维定式确立自己在家庭与社会中的角色，并自觉放弃理想和进取精神，以辅助丈夫的“事业”为名而把精力都用在操持家务和孩子方面，从此不再参与社会竞争，满足于知足常乐的物质生活程序，并以争做贤内助角色为荣，却从没想过这样的生活将导致什么样的结局。

事实是，一个女性如果自愿放弃对理想的追求而满足于平庸乏味的生活，那么岁月将很快把她的灵魂腐蚀。不用多久，她就会变成一个絮絮叨叨、婆婆妈妈的家庭主妇，变成了一个只会生孩子、持家、算计收入和花销、对付生老病死的世俗女人。

在现实生活中恐怕没有多少女人会知道这样一个辩证法则：当她们丧失理想或精神支撑以后，她们的神韵、风貌、气质、形象乃至灵魂都因缺乏理想的润泽而日渐流失。

当今社会，特别是知识女性最怕在婚后或者有了孩子之后做了家庭妇女。她们和传统的家庭妇女不一样，传统的家庭妇女认识到自己只能做丈夫的贤内助，很自然地一切以丈夫为中心；现代的知识女性则不同，她们有能力自己独立生活，一旦成为全职太太，就很难适应了。

首先，她们不适应家庭妇女的身份，心里总有一种不甘，这种压抑的心理长期发展，会使人的心理变得不健康。知识女性从人格上就认为自己和丈夫是平等的，不像传统妇女那样依赖丈夫，而丈夫若仍按照传统家庭妇女的要求来要求妻子，两个人的矛盾就会很明显。

另外，知识女性在学识上很难让自己落后于时代，真做了家庭妇女之后，在很多方面就会显得孤陋寡闻，这才是最让她们受不了的地方。

“回家”的女人待在家里难免会胡思乱想。换句话说，如果哪个妻子全身心都“回家”扮演家庭主妇的角色，结果必然导致夫妻在心灵与精神方面日益拉大距离，多年后他们就会变得无话可说。而当夫妻话不投机或彼此听不懂对方在说什么时，分手的悲剧就只是一个时间问题了。所以，妻子们即使为了保护自己、为维护婚姻关系的健康发展，也不应该将身心沉溺在家庭主妇的角色中，相反，她们应该保持着与世界同步的活跃姿态，这样才会使自己始终与丈夫保持着精神层面上的亲和力。

不要把权利规则带回家

夫妻的二人世界里不存在高低贵贱之分，不要有任何的优越感，只有互相理解和尊重，彼此关心与照顾，这才是幸福的婚姻生活。

当今社会，“女性文化”所形成的独立、平等的价值取向正与传统的文化对女性的定位形式发生着激烈的冲突，现代女性不再单纯地依赖于爱情，对感情的需要不再仅仅是以前的婚姻家庭关系，她们更注重思想的共鸣与相互的理解。婚姻中她们不再安于一种从属的关系，而是追求一种朋友式的、互助式的关系。事业已成为现代女性实现自身价值的一个重要途径，是女人自立的根基。优秀的现代女性往往能够根据自己的能力来协调事业与婚姻之间的关系，调节自己在不同时间、不同场合的不同身份与角色。

但是，职业女性无论何时何地，都必须始终坚持一条不变的原则，就是在任何情况下，都必须无条件地把丈夫放在首位。这样说并不是指你应该抛弃事业，时时刻刻伺候照料丈夫，寸步不离。而是说，你应该在意识上，在心灵深处始终给予丈夫一个无人替代的地位。你应该在干事业的同时，不要忽略丈夫的存在，你可以选择有充分自由的事业，可以适当调整工作的方式，也可以减少无关紧要的应酬，还可以安排固定的时间，以保证你有足够多的时间去关心丈夫，照料丈夫，体察丈夫的感情，满足丈夫的需要。更重要的，是加强与丈夫的情感交流。不要等到你一觉醒来，枕边的丈夫已变成了遥远的陌生人。

在生活中，那些善于计划时间，并能在有效的时间内完成多件事的女人，多半是已婚的职业妇女，而不是家庭主妇。她们一只脚站在办公室，一只脚站在家里，虽然脚踏两船，却能二者兼顾，生活、工作都处理得很好。

随着社会的发展，女强人越来越多地涌现了出来，她们在社会中以“强”立足，但在家中却要忘掉“强”。因为家庭需要的是尊重而不是权力。如果你在工作中担任经理或局长之类的职务，就会习惯于对下属发号施令，让他们做这做那，但你要记住千万不要把工作中的权力带回家。当你踏入家门，你要记得你还是妻子，你要主动尽一个家庭主妇的责任，即使因为工作太忙，无暇顾家，也要耐心和丈夫说清，得到丈夫的谅解和支持。在现实生活中夫妻仅仅是夫妻，不要为头衔所拖累，夫妻的二人世界里不存在高低贵贱之分，不要有任何的优越感，只有互相理解和尊重，彼此关心与照顾，这才是幸福的婚姻生活。

别把婚姻当成“雕刻刀”

每个人本身都是“艺术品”，而不是“半成品”，人人都企望被欣赏，而不愿意被雕塑。所以，不要把婚姻当成一把雕刻刀，老想着把对方雕塑成什么模样。婚姻需要的是一种艺术的眼光，要懂得从什么角度欣赏对方，而不是去束缚对方，彼此之间的空间太小了，谁都会感到不安。

《圣经》中神对男人和女人说：“你们要共进早餐，但不要在同一碗中分享；你们要共享欢乐，但不要在同一杯中啜饮。像一把琴上的两根弦，你们是分开的也是分不开的；像一座神殿的两根柱子，你们是独立的也是不能独立的。”

这段话形象地说明了婚姻关系中两个人的韧性关系，拉得开，但又扯不断。谁也不能过度地束缚对方，也不能彼此互不关心，有爱，但是都在适度的范围之内，这才是和谐的婚姻。可是很多人似乎并没有体会到婚姻的真谛，在他们眼里，对方身上有很多缺点，他们常常试图通过各种途径让对方改掉坏习惯。可是习惯的产生是日积月累的作用，在自己身上已经存在了十几或者几十年，当然不会轻易改掉。于是夫妻之间的矛盾就产生了。

夫妻之间产生争执的主要原因，是他们把婚姻当成一把雕刻刀，时时刻刻都想用这把刀按照自己的要求去雕塑对方。为了达到这个目的，在婚姻生活中，一方当然就希望甚至迫使另一方摒除以往的习惯和言行，以符合自己心中的理想形象。但是有谁愿意被雕塑成一个失去自我的人呢？于是“个性不合”“志向不同”就成了雕刻刀下的“半成品”，离婚就成了唯一的结果。

每个人本身都是“艺术品”，而不是“半成品”，人人都企望被欣赏，而不愿意被雕塑。所以，不要把婚姻当成一把雕刻刀，老想着把对方雕塑成什么模样。婚姻需要的是一种艺术的眼光，要懂得从什么角度欣赏对方，而不是去束缚对方，彼此之间的空间太小了，谁都会感到不安。

在生活中，我们常常会注意到，在深夜观看足球比赛的丈夫们，身边会有对足球并不是十分感兴趣的妻子陪着；虽然不喜欢厨房的油烟，可是妻子还是每天都准备好了可口的饭菜，等着丈夫和孩子一起分享……

婚姻，不是一个人的付出，只有两个人同心协力，才能营造一个温暖的家。可是并不是所有的人都能注意到对方的付出，甚至有的人会把对方的付出看做是想当然的。如果对方稍微有什么地方做得不好，就加以指责，这样的做法无疑会伤害对方的心，会让他觉得一切的努力都白费了。

爱一个人，就应该让他感觉到幸福，而不是要给他原本疲惫的心灵增加新的创伤。所以，在夫妻生活中，一定要相互扶持，相互欣赏，相互鼓励。虽然因为个性不同，两个人没有办法完全融为一体，但是一定要让对方感受到你的存在，让他体会到你对他的欣赏和爱护。在他犯错的时候，给予善意的提醒，而非指责，有时候一个善意的眼神也会让对方觉得很温暖；在他犯傻的时候，给予适当的爱抚，告诉他“你真可爱”，一句看似不经意的话语，却可以激起爱的涟漪，让对方感受到你的体贴。

每个人都会有缺点，我们要做的是在对方的缺点中找寻到对方的闪光点，而不是试图改造对方，如果你想彻底把爱人改造成自己希望的样子，不如先试试改造自己。

婚姻里善意的谎言

当生活中的摩擦不可避免时，聪明的女人要明白，一些善意的谎言可以减少矛盾，甚至拉近你们的距离。

谎言有善意和恶意之分，聪明的女人要区别对待婚姻里的两种谎言。如果一方说谎是为了让另一方得到心理的满足，没有任何恶意，就不要穷追不舍。有的女人会说：“我的眼里不容沙子，说谎就是不行。”其实这是任性的说法，没有从不说谎的人，完全不必如此较真，否则受伤的可能是你自己。

女人对待丈夫善意的谎言要宽容地接受，必要时，自己也需要说些善意的谎言来帮助处理好和男人的关系，而且有一些谎言女人不得不讲。当生活中的摩擦不可避免，聪明的女人要明白，一些善意的谎言可以减少矛盾，甚至拉近你们的距离。如果你能够适时说出下面的谎言，你就能在两性关系中对男人更有吸引力，对方一定会因为你善解人意而对你厚爱有加的。

(1) 告诉男人：我不会让你有任何改变。如果你爱他，就告诉他，你欣赏他的一切，他的缺点就是他的特点。你爱的就是他，他不必为了和你成亲而需要改变。

(2) 告诉男人：我喜欢你的朋友们。对他的那些酒肉朋友，你心里再怎么不喜欢，也千万别说出来，因为他们对他很重要，说出来就伤了他的面子，也伤了他的感情。

(3) 告诉男人：我喜欢你的家人。即使他的家人不喜欢你，你也要真诚地告诉他，你喜欢和他家人共度的时光。如果你说不喜欢，可能会伤害他的感情。对他的家人要友爱，落实到行动上就是少见面，多送礼。告诉他你爱他家里的人，千万要避免你们因家人发生冲突。

(4) 告诉男人：你是对的。不要和他在一些无伤大雅的问题上大费口舌。提高音量和他针锋相对是不明智的，你需要给男人一点儿面子，哄哄他："你是对的，说得蛮有道理的。"男人一定会因为你的善解人意而善待你的。

(5) 告诉男人：我不介意你看别的女人。当他在街上盯着别的漂亮女人看时，你完全不必当众翻脸给他难堪，最好的办法是说一句言不由衷的谎言："我不介意你看别的女人。"再找机会暗示他"己所不欲，勿施于人"。如果他还不收敛，你就做出夸张的姿态，观望过往的帅哥，他必会乖乖收回目光。

做应对情感风波的高手

可忍或可过的婚姻大抵也是如此，当事人稍一怠慢，它可能很快就会枯萎、凋零，而双方用一种更积极的心态去修补、保养、维护，也许奇迹就会发生。

选择婚姻就像是射箭，无论你感觉自己瞄得有多准，在箭出去之后，它能否正中靶心，谁也不敢肯定——如果当时起了一阵微风，或者箭本身有些小故障，总之，一些不可预知的小意外，常常令结果扑朔迷离。婚姻也充满了意外，相信大多数男女在互赠钻戒的那一刻，心中一定欣喜不已，以为自己的婚姻肯定会是圆满的。但后来，他可能变心了，失业了，性格变恶劣了，这些在结婚前没有预想过的意外，一样样地凸现出来，让人措手不及。

许多被大家看好的婚姻因为当事人的漫不经心、吹毛求疵、急不可耐可能很快就被破坏了；而那些在别人眼里粗陋不堪的婚姻，因为两个人用心、细致地经营，就如一棵纤弱的树，后来居然能枝繁叶茂，郁郁葱葱。可忍或可过的婚姻大抵也是如此，当事人稍一怠慢，它可能很快就会枯萎、凋零，而双方用一种更积极的心态去修补、保养、维护，也许奇迹就会发生。因此，聪明的女人不要用苛求的态度去对待婚姻，而要学会用变通的思维做一个应对情感风波的高手。

关键时候，放男人一马

有一天，一个女人哭哭啼啼地跑去找律师写离婚协议。她对律师说："你是律师，你就帮我写一张离婚协议吧。他欺负人，他不理解女人。我每天上班下班，里里外外，天文地理，鸡毛蒜皮样样管，每天忙得要死要活。可他倒好，一头钻在单位里，无论怎么说也不顾家，还有，我脾气不好，这是结婚前就打过招呼的。可现在呢，我说两句他回三句，老是叫人下不了台。还有，他去北京开会，不带我，反倒带上厂里一位年轻寡妇……还有，今天早上，他还抽了我一个嘴巴。这回我是铁了心，非跟他离婚不可！"

"好吧好吧，你有这么多委屈，我答应帮你。只是你想一想，现在离婚，是你痛苦还是他痛苦？"律师对她说。

"那当然是我痛苦。他高兴还来不及呢！"

"这样你就吃亏了，又受气，又挨打，最后还落得个让他高兴地离婚，你太吃亏了。我想提醒你的是，该离婚时就要果断地离，只是，你要想想，你所说的这些事值不值离呢？或许你在他做错了某件事的关键时刻放他一马，说不准你们的婚姻还会有转机呢！"

听了律师的话，这个女人先回家了。

两个月后，律师在半路上碰上那个女人，就问道："准备好了吗，我明天就能帮你写离婚协议。"

"别，别，快别提那桩事了。现在我们的关系可好了，我回来后仔细想了想，觉得真是退一步海阔天空，我放了他一马，没想到让他动了真情，他依然还是那么爱我，天天死缠着我，我再也不想离婚了！"

这个女人终于明白了在关键时刻应该放男人一马，所以她获得了婚姻的幸福。

生活就是这样的，当初一对男女结成夫妻开始过日子时，对未来的一切总是充满了渴望和幻想。哪会想到在一日复一日的柴米油盐的繁琐中会感到厌倦，于是怨恨和争吵开始了。其实，在婚姻中出现的很多问题也并不是男人的错，如果你得饶人处且饶人，就会避免很多不必要的麻烦，你们的婚姻也不会走到无可挽回的地步。相反，如果你在关键时刻不能处理好矛盾和冲突，也许就会出现你不愿看到的婚姻悲剧。

捍卫婚姻，不轻言离婚

夫妻之间应相互体贴，有了误会及时解释，发生了矛盾应相互忍让，对对方有什么要求也不妨直接提出来，千万不要轻易就用离婚来威胁对方。

一个家庭的解体，不仅关系到两个人，也给子女造成了心理创伤，给老人及其他亲属带来了忧虑和不安，给社会带来了一系列拖累，是不容忽视的，其中给子女带来的不幸更值得引起重视。有一位社会学家这样说："在这种离婚案中，男女主角可能都说不上是什么受害者，最可怜的倒是那些不幸被卷入这场'买卖'的下一代。"我们千万不能抱着幸福主义的天真观点，仅仅只看到两个人，而忘记了家庭的离散所造成的后果。婚姻不仅是感情的沟通，更是一种责任，婚姻中的女人们，请好好经营你们的感情，经营你们的家庭，在婚姻未走上"绝路"之前，不要轻言"离婚"二字。

反省自己，重构幸福

当婚姻出现问题时，离婚不是解决问题的唯一出路，一味指责对方也不是明智的做法。聪明的妻子会保持理智，反省自己，重新构建家庭的幸福。

婚姻问题的出现很多时候不是由一方单独造成的，多是一旦一方有了轻视另一方、不在乎另一方的心理时，问题才会出现。因此，不能把责任完全归到一个人的身上。如果你们仍然相爱，都有诚意使婚姻重现生机，那么你们可以共同努力，一起走出困境。

对于已经发生过的一切，无论你怎样伤心和失望，你都已经没有办法抹去早已发生过的事实，此时的你需要的是谅解对方、理解对方。其实，换个角度体验一下对方的心情，你也许会发现一切都是在情理之中，什么问题都可以解决，只要你放开心胸，接受对方。

那个出轨的男人

当那一刻不幸降临时，很多妻子因为愤怒和悲伤而失去了理智，大吵大闹，以致裂痕难以修复。其实用理智和宽容来处理此事，也许结果会更好些。

大多数女人嫁给男人时，为的都是厮守一生，然而在人漫长的一生中，拥有一份真挚的爱和无怨无悔的痴情，又是何等不易。很多人都经受过配偶不忠的痛苦，即使美满的家庭也不能幸免。哥伦比亚大学临床精神学教授说：男人事业失败，他也许需要婚外恋来证实自己的力量，而女人为抚育孩子疲惫不堪，或许也想借婚外情来证实自己的女性魅力。然而无论什么情况，配偶不忠都是生命中最深的伤害之一。尤其对女人，当那一刻不幸降临时，很多妻子因为愤怒和悲伤而失去了理智，大吵大闹，以致裂痕难以修复。其实用理智和宽容来处理此事，也许结果会更好些。

理智面对婚外情

当婚外情它真的到来的时候，你要记住一点，理智面对，因为愤怒和悲伤而失去理智是无济于事的，只有用理智来应对，才可能维护这座来之不易的感情城堡。

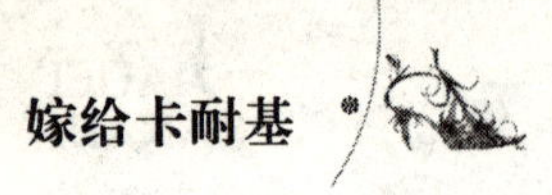

(1) 保持低调

首先，面对老公的背叛，女人不能发火，当然，遇到这种事情，谁都会满腔怒火，可是，发火对于解决事情无济于事。你要仔细分析是什么导致了老公的背叛，是早就有图谋，还是一时意乱情迷，或者是你们的婚姻早就出现了危机，背叛不过是一种反抗。只有分析清楚了原因，才能够做出正确的选择。在分析原因之前，你不妨多从自己人手，保持低调，对女人这永远都只有好处而没有坏处。

(2) 多反省自己

婚姻是两个人的事情，老公发生背叛，除了男人雄性激素的刺激之外，也许还有别的原因，你不妨找找自己的错误之处。

夫妻与感情生活，指责和更激烈的言行并没有多大意义。在今天这个“自由恋爱”的时代，每个人自己要负更多的责任。

(3) 单纯走开没有意义

不少骄傲的女人强烈反对男人背叛，认为不管什么原因，男人的背叛都是不可原谅的。

一位女性朋友这样诉说她的经历：我跟他结婚三年了，前几天有个女的打电话打到家里来，她告诉我他们在一起。不知道为什么我一点都不恨她，我甚至跟她在电话里聊了好长时间，知道了他们是在歌厅认识的，已经两年了，知道她很爱他，因为她在电话里哭了。

我当时跟她说过些天我会走的，希望你好好对他，希望你幸福。我不知道为什么突然有这样的想法，也许我是在装大方。我感谢她告诉我这些，好像没有一点伤心，到最后她告诉我说她只是一厢情愿，说他不爱她，说他的心都在我这里，说是他跟她说的。

我不知道要不要相信。他回来后我问他有没有这回事，他默认了，我不哭不闹，直对着他笑，他知道我会走的，他使劲地抱着我。

这位朋友就犯了过于单纯的毛病。男人出轨有很多种理由，如果只是一时犯错，而他又爱你，并且在两者中选择了你，你也应该大度一些，同时，对是否分手应该好好处理。

爱情伴随着婚姻是分三个阶段的：过去、现在、未来。过去他是深爱你的，因为他对另一个女人说了；现在他是爱你的，他那么害怕失去你。所以，处于这种情况下，单纯的走开是没有意义的。

（4）不要轻易放手

男人偶然出现背叛，不要简单分开。如果分开了，你的伤痛将是一辈子的，因为你没有给自己医治的机会。如果你不随便放手，结果或许就不一样。离开是逃避，其实你离开了他，虽走出了他的视线，却永远走不出自己。你不努力淡忘过去，难道希望自己的精神永远带上沉重的枷锁？

面临背叛，你需要自我调整，再婚也不容易，一个人生活总是个问题。回头是岸，他会更加珍惜你。而且，婚姻并不只是性关系，因为一次性出轨，就否定婚姻，实际上就是将婚姻等同于性。

（5）多一些谅解

面对老公的背叛，最难以医治的其实是心灵的创伤。实际上，如果多一些谅解，完全可以将这个伤疤忘却。老公出轨，从情理上说，很难原谅，但是现实中，原谅他反而可能是最好的选择。

别为他的出轨埋单

对于那些还可以挽救的婚姻，妻子切忌陷入以下狭隘报复的误区：

（1）为报复，自己也找婚外情人

有一位妻子在得知丈夫有了外遇后，大病一场。她不是那种性格外向的女人，看到丈夫和一个年轻女人亲热时，她心痛欲碎。她没有大吵大闹，然而她的愤怒和怨恨难以平息。她很快和同事好上了，但同事根本不如丈夫出色，她也并不爱他。几个月后，当她和丈夫重新和好后，想和同事分手时，同事却缠着她不放，这位妻子也被弄得筋疲力尽……

美国的一位咨询专家警告说：再没有比报复性的婚外恋更可怕的了，那种企图获得满足的结果往往是毁灭性的。

(2) **把丈夫的不忠告诉别人**

专家说：当你冲出家门去找人诉苦，并把丈夫的不忠告诉他人时，就已犯了大错。

(3) **抓住丈夫的越轨行为不放**

很多妻子在丈夫重新回到自己身边时，却常常无法释怀，总是在不同的场合提起丈夫那段“不光彩的往事”。法国婚姻专家希里·苏兹曼说：“有些妻子在丈夫的婚外情结束 10 年之后还牢记着，她们把这视作制伏丈夫的武器。”遗憾的是这种心态对建立美满的婚姻和使双方恩爱如初极为有害。这一方面给自己带来深切的痛苦，另一方面也使丈夫备感压抑，久而久之，容易使丈夫产生逆反心理和自暴自弃的想法，很难保证他再不发生以前那种事，独尝痛苦之果的也只剩下自己了。

对于婚姻基础牢固的人，用理智和宽容的态度去处理配偶一方偶尔一次的越轨行为，不失为一种明智之举。这样，在维护婚姻的过程中，你会发现自己不仅是个成功的妻子，也是一个优秀的女人。

第七章 在婚姻中让心灵得到真正的成长

开启幸福婚姻的钥匙

夫妻间要培养成功的婚姻，最重要的步骤之一就是双方都要成熟。也许这正是人生给予我们最难的一项考验，而只有拥有成熟的爱，才能拥有幸福的婚姻生活。

不少人总认为爱情永远应该是花前月下、情意缠绵的，当罗曼蒂克的热情消失，性的兴奋消退之后，便以为爱情也没有了，欲去寻找另一个伴侣。这实在是一种幼稚、不成熟的爱情观。

你想拥有成功和快乐的婚姻吗？当然，每个人都希望。有许多对夫妇正是有了积极思想的帮忙，才得以享受到幸福的婚姻生活。

但是，也有人不以为然。举例来说，有一个嘲世讽俗的年轻人曾说："结婚？我一点也不想。我才不会上当呢！"自二战以后，他便开始参加我们教堂举办的成人社交联谊活动。他常和朋友相约外出游玩，但是，每次他都先把话说清楚，他决不结婚。

我相信：懂得婚姻之道并能够享受婚姻的乐趣，这是成功人生的一项重要因素。当人们知道如何享受亲密的关系时，那就意味着，双方能互相鼓励、互相合作，以实现健康而富有创造性的婚姻。一方支持另一方，在这种关系里，子女也可以从中了解到真正的爱的内涵及互敬互爱的意义。它使得家庭成为播撒幸福和创造幸福的摇篮。

教育家指出，现代社会最迫切的需要是幸福而有意义的家庭生活。幸福、健康的家庭是健康社会的基础。家庭中的健康氛围会向外延伸，影响到社会的商业、工业、教育、政治等各个领域。因此，如何建立成功的婚姻关系是最重要的事情，这应该是当今社会关注的焦点。

积极心态的显著效果之一，便是能对面临困境的婚姻产生影响力。当人们在婚姻出现危机时，如果能运用积极心态去对待，通常能改善并加深婚姻的关系。当夫妇双方可以用对方的想法来处理问题时，就必能得到建设性的结果。

“我的婚姻生活能有今天的成就，应当归功于积极心态的协助。”罗斯福夫人曾这么说。

事实上，婚姻关系是人类关系中最敏感也最难把握的一种关系，它需要两个不同的人彼此调整、适应，从而成为一种亲密的结合。要拥有幸福的婚姻绝不能靠运气，而必须建立一种清楚、明确、实际的计划，使双方都能借此成长并成熟。这样，子女们才能有充实、圆满而有创造性的人生，这正是婚姻的目的。这点需要大家谨记在心。

我们来看看婚姻中常出现的一些问题，再看看如何成功地解决这些问题。

相信在不少的家庭中都会发生这样的情景：丈夫和妻子常会因看电视而发生冲突。每天晚上坐在客厅里，丈夫想看体育和新闻，妻子则执意要看文艺节目。他们便为此争吵，口出恶言伤害对方。虽然不至于离婚，但彼此弄得很不愉快。

另外一个大家常会提到的问题是，某些人仍然存有以前的老观念，认为男人是一家之主，应该掌握家中大权，掌管金钱、分配家用，认为妻子完全不懂这些世俗问题，会愚蠢得像小孩子。

谈到这里，又引出了另一个误区。许多女性会有意或无意地将自己视为一件艺术品，由于过去受父亲的照顾，以为结婚之后，就当然应该由丈夫照顾。这种不成熟、长不大的心理状态，使她们在主观上认为，作为一个妻子的权利便是当个知足而自得其乐的女人。依她的想法，婚姻的整个目标，便是丈夫要提供幸福给她。也就是说，她要从这个“爸爸式”的丈夫那里得到她想要的一切。

但是事与愿违，丈夫并不愿扮演“爸爸”的角色。他期待的伴侣是成熟的女性，愿意与他共同分担生活。如此一来，做妻子的因为观念错误，对丈夫有了强烈的不满情绪，婚姻便出现了解体的危险。

夫妻间要培养成功的婚姻，最重要的步骤之一就是双方都要成熟。也许这正是人生给予我们最难的一项考验，而只有拥有成熟的爱，才能拥有幸福的婚姻生活。

婚姻没有完美，只有完满

> 这个世界上不存在完美的人，所以，完美的婚姻也不存在。有不少年轻人常常对婚姻抱有不切实际的幻想，将它想象得非常完美。尽管现实生活中也有过少数非常理想的婚姻，但是必须明白它是夫妻双方多年坚持不懈、努力完善的结果。

对走入婚姻殿堂的女人来说，生活就像是一次新的旅行的开始，从此时起，你就必须做好应对一切不测和辛苦的准备，起码要有心理承受能力，只有这样，才有可能赢得幸福、美满、温馨、如意的婚姻。有一位妻子就曾告诉我，刚结婚的时候，似乎日子每天都是新鲜的，可是慢慢的，生活就变了味，自己所有的精力好像都被乏味又单调的工作、洗不完的婴儿尿布和没完没了的贷款占去了。

另外，婚后，你会渐渐发现那位伴侣身上你从没觉察的毛病开始一一显露。当然，他也发现了你的一些未知缺点，结论就出来了：他和你想象中的并不一样，而你也不是他想象中的妻子！你们之间开始出现矛盾和分歧，也开始出现相互争吵和赌气，以致互不相让的尴尬局面。所有的这一切都出乎你的意料，也是他始料不及的。

其实，婚姻关系是所有人际关系中最棘手、最复杂的，想将它处理好，需要你有耐性、技巧、感情和精神上的多重成熟，当然，要全部做到非常困难。但是，如果你愿意，愿意为此付出努力，那你一定也可以“培养”出良好的婚姻关系。

没有十全十美的爱人

有人说，自你一降生，就有一份天定的姻缘。然而大千世界，人海茫茫，生命苦短，如何才能找到属于你的那个完美的伴侣呢？如果有这样一个人，他在你的心目中绝对完美，没有一丝缺陷，你敬畏他却又渴望亲近他，那么这种感觉不可以叫做“爱情”，而是“崇拜”。崇拜需要创造一个偶像，就像图腾之类没有血肉的东西；而爱情不需要，爱情是真真切切能够用手触摸、用心体会的。

如果同时有一份执著而持久的感情和一份金玉其外却瞬间即逝的“感情”，你会选择哪一种？世界上有许多出色的男孩和美丽的女孩，然而真正属于你的感情只能有一份，千万莫因为别人的眼光而改变了自己的挚爱，莫要活在别人的眼光里而失去了自己！

合适的就是最好的

有人说找丈夫如买鞋子，合不合适只有自己才知道。

高跟鞋，看起来闪亮无比，穿在脚上，用于远行，却实在不是一件快

乐的事。婚姻也是这样，不求浮华但求适合，36码的脚不能穿35码的鞋，爬山的脚不该穿时髦的高跟鞋，也就是说，金碧辉煌的宫殿也许不适合你住，舒适温馨的小巢才是你真正的安乐窝。但无论如何，什么样的脚配什么样的鞋，什么样的女人配什么样的男人，如果女人想嫁个优秀的好男人，为自己找到一生的依靠，就别忘记，男人也有大脑，有心有肺，他们会随随便便找一个人就娶了吗？不会的，他们也会精挑细选，再三斟酌，直到碰到了自己想要的那一位，才会安安心心地走进婚姻的殿堂。

在我们的生活中，有些婚姻价值连城，男人女人的物质条件都好，结为秦晋之好互惠互利，或者女人攀上高枝，堂皇地做了娇妻。外表看起来炫目至极，可也有难言的苦楚。有些婚姻存在的基础是纯粹的爱情，这种爱情在这世间几近绝迹，因此弥足珍贵。虽然他人眼里，步履维艰，贫贱夫妻，百事皆哀，可也未必就是真实的情景，如人饮水，冷暖自知。因此，聪明的妻子不会去羡慕别人，而是会对自己的“鞋子”勤加保养，让它时时亮洁如初。

让世界活跃的信心

每个人都不可避免地会有长处和短处，可是生活中的大多数人往往只记得自己不能做什么，记得自己的短处，却不记得自己的长处。更多的时候，他们根本不相信自己可以控制自己，而习惯于把责任推诿给一些不可控制的外在因素。

有一位诗人说得好：“使世界活跃的不是真理，而是信心！”信心是一种机动性的力量。不过这种力量不是普通的力量，而是一种在我们内心活跃着的力量。正如我们的身体是凭着食物所产生的热能构筑起来的一样，我们的生命之所以活跃、有意义、有用，并不是凭自己的力量，而是因为我们从另外一个来源获得了力量。

每个人都不可避免地会有长处和短处，可是生活中的大多数人往往只记得自己不能做什么，记得自己的短处，却不记得自己的长处。更多的时候，他们根本不相信自己可以控制自己，而习惯于把责任推诿给一些不可控制的外在因素。

一位心理学者曾在一所著名的大学挑选了一些运动员做实验。他要这些运动员做一些别人无法做到的运动，还告诉他们，由于他们是国内最好的运动员，因此他们能够做到。

这些运动员分为两组，第一组到达体育馆后，虽然尽力去做，但还是做不到。第二组到达体育馆后，研究人员告诉他们，第一组已经失败了，并对他们说："你们这一组与前一组不同，我们研制了一种新药，会使你们达到超人的水准。"结果，第二组运动员吃了药丸后，果然完成了那些困难练习。事后，研究人员才告诉他们，刚才吃的药丸，其实是没有任何药物成分的粉末做的。如果你相信自己能做到，你就一定能做到。第二组运动员之所以能完成这些困难的练习，是因为他们相信自己一定能够做到。这就是积极的心理暗示所产生的效果。

消极的心理暗示会使人们失去对自己充分的信任，这些不利的心理暗示，就像是巨大的心灵黑洞。自信是医治颓废最好的良药，自信可以提升你对自己的认识，一定要把自己当成宝石。

有一个老太太有两个孩子在战争中阵亡，写信对戴尔说："我的青春已消逝，希望已破灭，心情如此地沉重，可是我没有忽视信心。"我先生的回信只有这样说："虽然战争带走了您的儿子，可是留给您的是对未来的信心，这是最好的礼物。如果这一点是对的，那么您所得到的赏赐不止于此，我此话的真实性就更大了。"

的确，与势力、资本以及亲戚朋友的扶持相比，自信更为重要，它对人的成功具有不可思议的力量。女人可以没有美貌，但万万不可缺乏自信。自信可使女人内心饱满丰盈，外表亦会变得光彩照人；自信可使女人神采飞扬，气度一样可以不凡；自信可使平凡的女人变得美丽，增添无穷魅力。

那么，我们该如何获得信心呢？我们不必费劲去求取，其实它早就存在于我们的体内。信心同头、心、手一样，是与生俱来的。只是现在我们陷于一种复杂混乱的状态，把运用信心认为是一种冒险，所以不敢尝试而已。可是，我们需要生活的热力来征服心头的纷扰、折磨与缺陷。我们本来很软弱，所以需要力量来支持，信心更能使我们坚强。我们需要接受外来的力量，也随时准备迎接这种力量。

给女性树立自信的黄金法则

关于自信的问题，我认为，任何人只要遵循以下 8 个原则，那么他就可以获得很好的成效。现在就让我们看看这些诀窍，相信你也会从中确立对自己的信心，并开始萌生一股新的力量。

（1）在心中描绘一幅希望自己达成的成功蓝图，然后不断地强化这种印象，使它不致随着岁月流逝而消退模糊。此外，相当重要的一点是，切莫设想失败，亦不可怀疑此蓝图实现的可能性。因为怀疑是实现蓝图的障碍。

（2）当你心中出现自我怀疑的消极想法时，要立即驱逐它，并且设法发掘积极的想法，并将它具体说出。

（3）为避免在成功过程中出现阻碍，任何可能形成障碍的事物都不要理会，最好忽略它的存在。如果障碍难以忽略，就下番功夫好好研究，找到适当的处理办法，以避免其继续存在。

（4）不要受他人威信的影响，也不要一味仿效他人。须知唯有自己方能真正拥有自己，任何人都不可能成为另一个自己。

(5) 每天重复说十次这段强而有力的话:“谁也无法阻挡我成功。”

(6) 寻找对你了如指掌，且能直言忠告的朋友。你必须了解自己自卑感或不安感的所在。虽然这问题往往在少年时期便已发生，但了解它的来源将使你对自己有所认知，并帮助你获得援救。

(7) 每天大声复诵十次:“虔诚的信仰给了我无穷的力量，我无所不能。”这句话是治疗自卑感最有效的良方。

(8) 在正确评估自己实力的基础上可以适当高看自己一眼。当然，切忌自负，但是适度地提高自信心也是相当重要的事。

穿越都市的孤独

那些能克服孤寂的人，一定是生活在怀特博士所说的“勇气的氛围”里。我们无论走到哪里，一定要培养出与人们亲密的情谊关系，就好像燃烧的煤油灯一样，火焰虽小，却能给人光亮和温暖。

每个人都有追求，并且希望达到完善，这本是一种天性，但人性的历程始终得失相随，难有十全十美的时候，因而每个人都应该有一定的心理承受能力。特别是当遇到挫折或打击后，应积极努力地将紧张或焦虑心态转移或发泄出来，防止其持续作用而损害健康。如果人们面对挫折和打击，将自己“封闭”起来，甚至消极悲观，独居一隅，这样发展下去，就会陷入现代生活易发的“自闭”心理状态而不能自拔。

暂时的自闭孤独有时也是一种休息、放松及宣泄。但是这种自闭只能是暂时的，如果长时间陷入其中，必然会导致心灵的失衡，产生好走极端的倾向。而且，长期封闭会阻隔个人与社会的正常交往。处在封闭环境之中的人，感觉不到封闭，就必然导致精神委靡、思维僵滞，这会使人认知狭窄、情感淡漠、人格扭曲，最终可能导致人格异常。

一个长期被孤独感笼罩的人，精神受到长时间的压抑，不仅会导致心理失去平衡，影响智力和才能的发挥，还会引起人的心理、思想上的一系列变化，使人思想低沉、精神委靡，失去对事业的进取心和对生活的信心。

五年前，马丽失去了丈夫，她悲痛欲绝。自那以后，她便陷入一种孤独与痛苦之中。“我该做些什么呢?”在丈夫离开一个月之后的一天晚上，她对朋友哭诉，　“我将住到何处？我要怎样度过孤独而漫长的岁月?”

朋友安慰她说，她的孤独是因为她身处不幸之中，才五十多岁便失去了丈夫，自然悲痛异常，但时间一久，这些伤痛和孤独会慢慢消失，她也会开始新的生活，从痛苦的灰烬中建立起自己新的幸福。

“不!”她绝望地说道，“我不相信自己还会有幸福。我已不再年轻，孩子也都长大成人，成家立业。我孑然一身还有什么乐趣可言呢?”抱着这种孤独，马丽得了严重的自怜症，而且不知道该如何治疗。好几年过去了，她的心情一直没有好转。

有一次，朋友忍不住对她说：“我想，你并不需要别人的同情或怜悯。无论如何，你可以开始自己的新生活，结交新的朋友，培养新的兴趣，千万不要沉溺在旧的回忆里。”她没有把朋友的话听进去，因为她还在为自己的孤独自怨自艾。后来，她觉得孩子们应该为她的幸福负责，便搬去与一个结了婚的女儿同住。

但事情的结果并不如意，她的孤僻使她和女儿都面临一种痛苦，甚至恶化到母女反目成仇。马丽后来又搬去与儿子同住，但也好不到哪里去。后来，孩子们只好买了一间公寓让她独住，但这更加重了她的孤独感。

她对朋友哭诉说，所有的家人都弃她而去，没有人要她了。马丽一直都没有再享受到快乐的生活，因为她认为全世界都在孤立她。她实在是既可怜，又可悲，虽然年过半百了，但还是像小孩一样没有成熟。

大多有孤独感的人，并不情愿离群索居、孤身独守。他们有的是在坎坷难行的人生路上遭遇了痛苦，因而或嗟叹人生艰难，埋怨命运刻薄，或痛恨世态炎凉，咒骂人心虚伪；有的是感到自己怀才不遇，知音难觅，得不到别人的理解，因而不愿去理解别人，索性独处一隅，洁身自好；也有的是自己看不起自己，不相信自己，在人群中徒见别人风流潇洒、知识渊博，因而自惭形秽，不敢也不愿意与人交往……境遇各有不同，其结果却大致相同。把自己置身于孤独之中，引发无边的伤感。

在加州奥克兰的密尔斯大学，校长林·怀特博士在一次女青年会的晚餐聚会上，做了一次非常有名的演讲，内容是有关现代人的孤寂感。“20世纪最流行的疾病是孤独。”他如此说道，“用大卫·里斯曼的话来说，我们都是‘寂寞的一群’。由于人口愈来愈多，人性已汇集成一片汪洋大海，根本分不清谁是谁了……居住在这样一个‘不拘一格’的世界里，再加上政府和各种企业经营的模式，人们必须经常由一个地方换到另一个地方工作。于是，人们的友谊无法持久，时代就像进入另一个冰河时期一样，使人的内心觉得冰冷不已。”

那些能克服孤寂的人，一定是生活在怀特博士所说的“勇气的氛围”里。我们无论走到哪里，一定要培养出与人们亲密的情谊关系，就好像燃烧的煤油灯一样，火焰虽小，却能给人光亮和温暖。

走出恐惧的避难所

恐惧是人类最大的敌人，不安、忧虑、忌妒、愤怒、胆怯都是恐惧的变种。恐惧会剥夺人的快乐，使许多人变为懦夫，使许多人遭受失败，使许多人陷于卑微境地。

戴尔曾说过：恐惧是人类最大的敌人，不安、忧虑、忌妒、愤怒、胆怯都是恐惧的变种。恐惧会剥夺人的快乐，使许多人变为懦夫，使许多人遭受失败，使许多人陷于卑微境地。恐惧具有使人的生命瘫痪枯萎的力量。它能使人贫血，能减少身体和精神上的生命力，破坏人的意志、灭绝人的勇气、削弱人的思想，使人发挥不出一点创造力来。

下面这个故事说的就是这个道理。

一个深夜，在印度的一个小村落里，一个村民去几里以外探望一位患病的邻居，当时他正走在漆黑的回家路上。那时，这个地区以频繁出现致命的毒蛇而闻名，那人走在这条小道上时已经非常害怕。“如果遇到蛇，我该怎么办?”他担心地想，一想到这种可怕的动物，他便浑身发抖。突然，在昏暗的光线下，那人注意到了一条又大又粗的东西蜷伏在路中间。“是蛇!”他大叫了一声，开始一边尖叫着一边绕道跑开，“救命啊！救命啊！快来人呀！有一条蛇要咬死我啦!”

一个村民恰巧在这条路上离他不远的地方，当他听一阵求救时，就立即朝着叫喊的方向奔去。“发生什么事了，朋友?”他问。“看！快看!”第一个人用颤抖的手指着那条又大又粗的东西尖叫着，“那是一条蛇!”

第二个村民拿着灯小心地接近了路中间的那个影子，借着光看了看。在他前面，他看到一根被人不小心掉在路中间的粗绳子。“朋友，冷静些，”那个村民说，“这里没有什么蛇，只是一根绳子。恐惧让你的大脑跟你开了个玩笑。”

恐惧形成的原因主要有六种，每个人都偶尔会遭到其中一个或几个形态的折磨，有人若未曾经历这六种恐惧实属幸运。它们依出现的多寡顺序为：害怕贫穷，害怕批评，担心健康，害怕失去某人的爱，害怕年老，害怕死亡。

害怕贫穷

贫穷和财富之间彼此对立，格格不入。如果你想要财富，必须拒绝接受任何引向贫穷的情况。通往财富之路的起点是渴望。害怕贫穷只是一种心态，却足以毁掉一个人在任何行业有所成就的机会。应该说，害怕贫穷无疑是六大恐惧的基本形态中最具毁灭性的一种。它位居各种恐惧之首，因为它是最难掌握条理的一种，害怕贫穷源自人们因循在经济上依赖他人的倾向。几乎所有不及人类高等的动物都受制于本能的驱使，他们思考的能力有限，于是他们猎食彼此的肢体。人类具有思考推理的能力，又有直觉的优越感，并不去猎食同类的身躯，而是在“经济上”得到更多蚕食鲸吞他人的满足。人类太贪婪，以至于每一则法律条文，都在保护人类不被自己的同类吞并。害怕贫穷有许多的表现形式，它的主要症状有以下几个方面。

(1) 冷漠

通常表现为缺乏雄心壮志，愿意忍受贫穷，毫无异议地接受人生提出的酬劳，身心怠惰懒散，缺乏动机，没有想象力，热情有限，缺乏自制力。

(2) 迟疑不决

自己常常没有主见。墙头草，两面倒。

（3）怀疑

一般表现在外的是存心粉饰太平的托词，有时会表现出嫉妒成功者的态度，或者非难苛责成功的人。

（4）忧虑

往往表现出挑剔他人的不是，有人不敷出的倾向，经常忽视自己的外观，皱眉蹙额；没有节制地饮酒，有时是吸烟无度；紧张，缺乏自觉，而且不能平衡。

（5）过度小心

不分大小事，一律只习惯于看黑暗面，只考虑可能失败的情况，并加以谈论，而不集中心力在成功的办法上。知道通往失败的所有途径，但是从不力图制定回避失败的计划。牢记失败者，忘却成功者。只看到甜甜圈中心的空洞，却无视甜甜圈。悲观消极，导致消化不良、排泄不佳、毒害自身、呼吸不调、性情恶劣。

（6）拖延

这一种症状和过度小心息息相关，和忧虑怀疑也互通声息。可以避免责任的时候，就拒绝接受责任；可以妥协的时候，就不会坚持到底。碰到困难就退让，不肯驾驭困难，以之为进步的垫脚石。

害怕批评

人类当初怎么会有这种恐惧，谁也说不上来，但是有一种事是确定的，人类对遭人攻讦的恐惧，各式各样已发展得很完备。

戴尔说过，人类之所以害怕批评，应归咎于人类传承已久的天性，促使他不仅掠夺同类的财物用具，还要批评他人的性格，以证明自己的行为是合理的。害怕批评令人丧失动机，扼杀想象力，主要症状为：紧张、缺乏判断力、自卑、缺乏雄心、从众等。

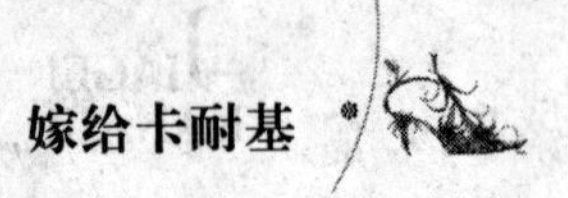

担心健康

这种恐惧可以追溯到社会层面和生理层面的传承，至于其起源，则和害怕年老，害怕残废的恐惧息息相关；因为生理不健康会引人走向不可知的“可怕世界”边缘，人类对这个世界的所知，仅限于一些令人不舒服的故事。

人们怕不健康，大致是因为一想到死到临头，深植心中的就是一幅又一幅恐怖的画面。人类怕生病，也是因为怕要花大钱。

这种举世皆知的恐惧有以下征兆：

(1) 自我暗示

习惯于在自己身上找各种疾病的症状，而且通过负面暗示的方式期待这些症状确实存在；“乐于”虚构疾病，而且说成真有那回事的样子；别人推荐的方法、理论，只要有治疗价值，都习惯于一试；跟人谈论手术、意外事件和其他种类的病症；未经专家指导尝试节制饮食、实验体能训练、减肥等。

(2) 疑心病

习惯于谈论疾病，期待病症出现，甚至精神崩溃。此病无药可救，源于负面思想，只有正面思想能有效治疗。疑心病（假想疾病的医学名称）危害之深，据说有时与患者所害怕的病一样严重。大部分所谓的“神经病”都是由疑心病而来。

(3) 易于感染

怕疾病瓦解身体的抵抗力，认为任何环境下都不会被传染。害怕不健康往往同害怕贫穷声息互通，尤其是疑心病患者，一直担心付不出医院的费用。这种人会花很多时间谈论死亡、存钱买墓地、积攒丧葬费用，等等。

(4) 悉心呵护自己

习惯以假想的疾病来博取他人的同情（人们经常以此为借口逃避工作）；习惯于装病，来掩饰懒惰或胆怯。

（5）习惯于看医药广告

爱看有关疾病的书报文章和医药广告，经常担心一旦得病便不知如何是好。

害怕失去爱

害怕失去爱的恐惧，自古就有。男人至今仍然不停偷腥，只是技巧有变。现在他们不用暴力，而用劝服，说好说歹，答应送上名车华服，及诸多较肢体暴力有效的其他“诱饵”。

审慎的研究已显示出，女人较男人易受制于这种恐惧。这个事实也很容易解释，女人从经验中得知，男人的本性是一夫多妻的，故而，女人不能完全信赖男人，而要把他们当作潜在的敌手。

害怕年老

人害怕年老有两种合情合理的理由：其中之一，担心自己所有的任何俗世财物会被别人占有；另一种则源于心中对死后世界的可怕想象。

对于身体健康的忧虑，随着年龄增长而日益普遍，也助长了这种害怕年老的恐惧。为免受痛苦，你自己的头脑用“爱”创造了恐惧。

这是一个有趣的启示：所有恐惧的来源不是自我憎恨，或是缺乏自尊——而是“爱”。恐惧只是你的头脑警告你远离可能伤害到自身的情况的建议，而这些情况是建立在过去的伤痛之上的。要记住，恐惧初来乍到时不是你的敌人，而是你的保护神。但最终它也阻止你享受快乐，破坏了你的梦想，限制了你的自由。

如果有人要你背着降落伞跳出飞机，你就会害怕；但如果让一个专业的空中舞者来做这件事情，他就丝毫不会感到恐惧——只有兴奋。另一方面，如果让跳伞专家在3000人面前做即兴演讲，他可能会被吓死；而有人则会认为这是一件非常刺激而有趣的事。跳伞与演讲本身没有包

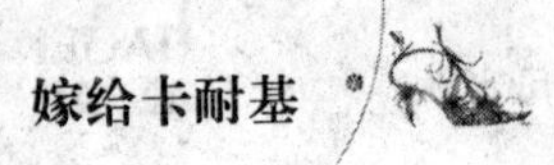

含恐惧——是我们每个人将恐惧带入了这些事件当中。

你就是那个决定要把恐惧带来的人。因此你可以选择你怕的东西，亦可不选。

害怕死亡

对某些人而言，这是所有恐惧中最残酷的一种。

这种恐惧的一般症状如下：谈论死亡，大抵归因于漫无目标，或者没有合适的职业。这种恐惧，在上了年纪的人身上最普遍，但偶有年轻人为之所困。治疗害怕死亡的恐惧最有效的药方，就是渴望成功，努力工作。忙得很少有闲工夫去想到死。有时，害怕死亡的恐惧和害怕贫穷的恐惧不无关联，因为贫穷将使身后的家人陷于贫困。另有一些情形，疾病和身体免疫系统的随之瓦解，会使人害怕死亡。最普遍的成因有：健康不良、贫穷、缺乏适当的职业、对爱情失望、丧失心神、迷信宗教。

学会接受不可更改的事实

> 所有人迟早都要学到的常识，就是所有的人都必须接受和适应那些不可避免的事。

所有人迟早都要学到的常识，就是所有的人都必须接受和适应那些不可避免的事。其实，这样做很难。就连那些在位的皇帝们，也要常常提醒他们自己这样做。已故的乔治五世在他白金汉宫的房间的墙上有这样一句话："教我不要为月亮哭泣，也不要为过去的事后悔。"同样的这个想法，叔本华是这样说的："能够顺从，就是你在踏上人生旅途中最重要的一件事。"

显而易见，环境本身并不能使女人们快乐或是不快乐，她们对周围环境的反应才能决定她们的感觉。戴尔曾说过，在必要的时候，女人们都能忍受得住灾难和悲伤，甚至战胜它们。其实，她们内在的力量坚强得惊人，只要努力去做，那么克服一切困难将不成问题。

已故的布斯·塔金顿总是说："人生加诸我的任何事情，我都能接受，只除了一样，就是瞎眼。那是我永远也没有办法忍受的。"

然而，在他六十多岁的时候，有一天他低头看着地上的地毯，发现色彩是模糊的，他无法看清楚地毯的花纹。他去找了一个眼科专家，发现了那不幸的事实：他的视力在减退，有一只眼睛几乎全瞎了，另一只离瞎也为期不远了。他最怕的事情终于发生了。塔金顿对这种"所有灾难里最可怕的"有什么反应呢？他是不是觉得"这下完了，我这一辈子到这里就完了呢？"没有，他自己也没有想到他还能觉得非常开心，甚至于还能发挥他的幽默感。以前，浮动的"黑斑"令他很难过，它们会在他眼前游过，遮挡了他的视线，可是现在，当那些最大的黑斑从他眼前晃过的时候，他却会说："嘿，又是老黑斑爷爷来了，不知道今天这么好的天气，它要到哪里去。"

当塔金顿完全失明之后，他说："我发现我能承受视力的丧失，就像一个人能承受别的事情一样。要是我五种感官全丧失了，我知道我还能够继续生存在我的思想里，因为我们只有在思想里才能够看，只有在思想里才能够生活，不论我们是不是知道这一点。"

塔金顿为了恢复视力，在一年之内接受了十二次手术。他有没有害怕呢？他知道这都是必要的，他知道没有办法逃避，所以唯一能减轻痛苦的办法，就是乐观地去接受它。他拒绝在医院里用私人病房，而住进大病房里，和其他的病人在一起。他试着去使大家开心，而在他必须接受手术时——而且他很清楚那是些什么手术——他只尽力让自己去想他是多么的幸运。“多么好啊，”他说，“多么妙啊，现在科学的发展已经达到了这种水平，能够为人的眼睛这么纤细的东西动手术了。”

一般人如果经历了这些灾难可能都会变成精神病，可是塔金顿说：“我可不愿意把这次经历拿去换一些不开心的事情。”这件事教会他如何接受，这件事使他了解到生命所能带给他的没有一样是他能力所不及而不能忍受的。这件事也使他领悟富尔顿所说的：“瞎眼并不令人难过，难过的是你不能忍受瞎眼。”

要是因此而退缩我们也不可能改变那些不可避免的事实。昨天是一张作废的支票，明天是一张期票，而今天是你唯一拥有的现金，只有好好把握今天，明天才会更美好，更光明。不管今天拥有的是什么，我们都应该勇敢地接受，并努力使它朝希望的方向去发展。

拥有成功的特质

对女人而言，创造力不仅是成功的特质，也是魅力的源泉。不断创新，永远年轻鲜活的心态才是她永葆美丽的秘密。

《成功的小子》一书作者贝莉·费德门谈到她早年所接受的艺术训练情形：念小学时，有一次艺术课的家庭作业是将一张名画贴到厚纸板上。上课时，老师没有提到那张画，只清楚地交代边缘要留多少空白，并且以此为标准打分数。上高中后，我痛恨艺术课，要我选修艺术，门儿都没有。大家都认为我没有创造力，我也自暴自弃。

那时候我不明白有无创造力的区别。其实只是前者在成长过程中认为自己深具创造力，而后者没有罢了。

创造力是指别人所没有过的想法或做法。在讨论创造力时，我们通常会想到伟大的艺术家的成就，如凡·高的画、莫扎特的音乐、莎士比亚的剧作。这些大师的非凡成就，并不表示我们缺乏创造力。但是，我们的生活似乎与本身的创造力愈来愈脱节。

戴尔常说：在人的一生中，无论何种情形，你都要不惜一切代价，走入一种可能激发你的潜能的气氛中，可能激发你走上自我发达之路的环境里。努力接近那些了解你、信任你、鼓励你的人，这对于你日后的成功具有莫大的影响。你更要与那些努力要在世界上有所表现的人接近，他们往往志趣高雅，抱负远大。接近那些坚决奋斗的人，你在不知不觉中便会深受他们的感染，养成奋发有为的精神。

几乎所有的人都只发挥了其能力的百分之十五。不能发挥其余百分之八十五的能力的原因在于恐惧、不安、自卑、意志薄弱及罪恶感。综合起来，可以说是“与外界的不调和”，因为不能包容外界环境，则等于是替自己的能力踩了刹车。

一位著名的芝加哥商人，谈论起自己在生意上的成功时说：“费一周的时间去拜访国内的各同业商店，有助于获得新观念、新方法。”这位商人也承认，他并没有高出同行多少智慧，就才能而言，某些方面还不及同行，但他有自己的一套独特的管理经验。他每年总要出外旅行一次，去考察各家商店的管理法和经营法。他说，每次旅行回来，总使他觉得自己的商店与他旅行以前的时候不一样了。经营上的小缺点、店员的小疏忽，以前不曾注意到，旅行回来都被他发觉了。于是，为进一步完善管理，他便会进行店务方面的革新。伴随革新措施的实施，他经营的事业又有了新气象。

住在俄克拉荷马州的一位年轻妇女把自己如何突破习惯束缚的经过告诉了我：“我先生和我都是电视迷，每天傍晚一下班回家，便立刻打开电视，然后一边吃速食餐，一边看电视，直到就寝时间为止。我们很少去拜访亲朋好友或阅读书报，或到外面去参加各种活动。因为一想到就要因此错过某某电视节目，活动便自然取消了。假如有人来拜访我们，我们也常常心不在焉，只盼望赶快回到电视机面前。一天，我和几个老朋友一道吃午餐，发现自己很难和他们打成一片，因为他们所谈的话题我都不清楚。我很少到别的地方去，也很少阅读什么报纸杂志，我几乎很少做其他事——除了每天看电视之外，没有其他嗜好。

“我回去和丈夫提到这个情形，并告诉他，我们得想办法把这个习惯改掉。他极力支持，我们便开始计划要如何进行。我们先报名参加某些成人教育的晚间课程，也开始学习打保龄球；我们到朋友家拜访，或到图书馆借书来看，并大声念出来给大家听。我实在很高兴终于摆脱了坏习惯，也开始有了许多新颖的思维方式。这无论是对工作或婚姻，都大有帮助。我们的生活变得更丰富，与他人的关系也更亲密。”

亚力斯·奥斯卡所著的《你的创造力》及《运用想象力》帮助许多人培养了具有创意的思考能力，促成了很多积极的、建设性的行动。

奥斯卡使用的工具，也同样是笔记簿和铅笔，灵感出现时，立刻记下来。他说：“每个人都有相同的创造力，大多数人却不会运用。”奥斯卡在《运用想象力》中提到的脑力激荡，被普遍运用在大学课堂、工厂、企业办公室、教堂、俱乐部及家庭之中。脑力激荡的方法非常简单，只要有两三个人，他们互相批评或反驳，等到会后再逐一评估每个建议的可行性，这样就能找到问题的最好解决办法。

我们时常把自己深裹在习惯或习以为常的无聊事件里，窒息了自己的思想而不自知。想想看，我们有多少人每天在不变的环境里不断重复相同的行为，生命因此变得迟钝、没精神并且毫无创新，自身的各种潜能自然也就沉睡而难以觉醒。

戴尔认为，创造力的答案是创新的、不同的、独特的、与众不同的或是更好的做事方式。我们喜欢的定义则是“新而且有用的”。具创造力是指能使原有的工作产生新的目的或意义，发现新的用途，解决既有的难题或增加事物的新价值。

因此，一个有创造力的家庭主妇，和一个有创造力的作家并无不同。基于复杂而独特的遗传个性及不同的生活体验，每个人都像雪片一样各有特色，这种差异性就是创造力的基础。每个人都有独特的表达方式、不同的才能以及不同的经验及诠释方法。

对女人而言，创造力不仅是成功的特质，也是魅力的源泉。不断创新，永远年轻鲜活的心态才是她永葆美丽的秘密。

一生必爱一个人——你自己

每个人都不可能完美无缺，只有从内心接受自己，喜欢自己，坦然地展示真实的自己，才能拥有成功快乐的人生。

布兰顿博士曾说：“适度的自爱，对每一个正常人来说，是一种健康的表现。适度的自重对工作和成就都不可或缺。”一个心理成熟的人，不会躺在床上默想自己哪儿比不上别人，或为自己没有比尔自信或约翰积极进取而担忧不已。健康、成熟的人的标志之一是“喜欢自己”，当然这里并不是自以为是，而是冷静、客观地接受自己，并怀着自尊心和尊严感接受自己。

那么，喜欢自己是不是跟喜欢别人同等地重要？心理学家哥伦比亚大学教育学院的亚瑟教授指出：教育应该帮助儿童乃至成人了解自己，进而建立起自我接纳的健全心态。他在《当教师面对自我的时候》一书中，认为教师的生活和工作充满了奋斗、满足、希望和心痛，因此，自我接受对每位教师来说，都十分重要。

现今，如果你留心观察，你会发现医院里一半以上的病房住满了那些对自己感到厌恶的人，而且外面排满了成千上万遭遇情感和精神困扰的人，这些都是与自我无法相处的极端的例子。

在此，我并不打算深究产生这种不幸状况的因素和压力。我只是觉得：在这个竞争激烈的社会里，我们过于注重物质的成功和社会名望的追逐，过于强调赶超别人的目标，而这种现象与现代许多人精神上的疾病或障碍大有关系。

宽容对待自己

我们很少会有人勇气十足地独树一帜，或清楚明了自己究竟拥护什么主张。我们的行动往往会受社会和经济群体的影响。比如，我们的衣、食、住、行或思考的方式，往往与周围的人十分接近。而一旦我们的个性跟周围环境显得格格不人，我们便常常会变得神经过敏或不快乐，会感到失落和茫然，甚至会发展到讨厌自己。

多年前，我的一个女学员就曾受困于这种冲突而感到迷惑不解。她丈夫是一个有野心、积极进取并有点独断专行的成功律师。他们的社交圈子大都是由与她丈夫类似的那些以社会名望和成就来衡量人的价值的所谓名流组成。这位太太性格文静、谦虚，但在这种圈子里，她只感到压抑和受轻视。那些人压根没人欣赏她所具有的优良品质。为此，她变得越来越沮丧，越来越不自信，因为她总也不能达到那些人对她的要求，她变得越来越不喜欢自己。

其实，这位太太大可不必如此苦恼，她的问题并不在于如何委屈自己去适应环境，而是在于她如何接纳自己：快快乐乐地接受真实的自己，摆脱想要成为一个完全不同的人的压力。她还应懂得“天生我才必有用”的意义，明白每个人都只能依照自己的性格行事的必要性。明白了这一点，她才会对自己恢复信心。

她重新肯定自我的第一步，是不再用别人的标准来判断自己：她必须建立起自己的价值观，并把它应用于生活，同时必须学会独处，减少自我挑剔。

过度的自我挑剔是不喜欢自己的人最常见的表现之一。当然，适度的自我批评是健康的，也是有建设性的，对改善自我十分必要，但是，当它成为一种强制性的观念时，就会使我们的思想瘫痪，会阻碍我们积极、正面的行动。

许多年前的一个晚上，我去听丈夫的授课。课后，有一个女孩跑来向我丈夫抱怨说，她自己的讲话总讲不出预期的水平。她说："我一上讲台，便感到胆怯别扭。别的同学看起来都那么沉着自信，可我一想到自己的缺点，就感到气馁，这样一来，就更是无法表达出我事先准备好的演说词了。"

听完她的诉说，戴尔只用了一句简单的话来回答她的疑问，这句话令我永生难忘："别尽想自己的缺点。毁掉你的演讲的并不是你的缺点，而是你根本没有发挥出你的优点。"

是的，导致一篇演说、一个人或一件艺术品失败的往往不是它本身存在的什么缺点。莎士比亚的剧作里，历史或地理的错误随处可见，狄更斯的小说更充满了过分感伤、煽情的段落。但是，又有谁会在乎这种缺陷？这些伟大艺术家的作品依旧流芳千古，长盛不衰；它们的优点盖过了缺点，使得缺点变得微不足道。而我们结交朋友也是如此，我们喜爱朋友是因为他们的优点，对于缺点一般只会一笑置之，不会在乎。

要想有所进步和实现自我，就要集中精力发挥自己的长处，展示最好的一面，把缺点抛在脑后。我们必须纠正自己的错误，并迅速忘掉它们。

负罪感和自卑感是最要不得的心态。一旦我们陷入其中，我们便不可能尊重或喜欢自己，更不会欣赏别人拥有这种心态。如果我们真不幸陷入其中，我们所应做的只能是把过去埋葬，以便重新开始。

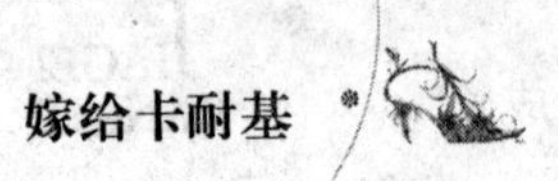

抛弃完美主义

为了学会喜欢自己，我们必须培养出容纳自己缺点的度量。但这并不意味着我们应该降低标准，变得懒惰、糊涂或不再尽心尽力。我们都明白没有人能永远达到最好，包括我们自己。强求别人完美是不公平的，而要求自己完美根本就是愚蠢。

数年前，我加入一个组织，其中有位女士是个十足的完美主义者。她对所做的每一件事都要求毫无瑕疵，但别人看来，她的工作大多却是失败的。比如，一个简单的报告，她都得细细推敲好几个小时才肯提交；发表演讲，她更是把题目反复解释，实际上却搞得听众很不耐烦；她家里从来不欢迎贸然探访的客人；举行宴会时，她连最小的细节都事先一一安排好。这位女士费尽了苦心，也的确做到了一种近乎机械式、冷酷的完美，付出的代价却是失去欢乐、自在和温情。这样的完美，实在让人感到无聊透顶。

当然，完美主义者也会像其他的人一样经常地遭受失败，但他无法容忍或超越自己的失败，结果只能变成痛恨自己，不喜欢自己。

不要对自己那么苛刻，有时候，我们需要放松一下自己，或自嘲一番，这是学会喜欢自己所需的一个条件。

拥有独处的时间

我曾强调每天挤出一段独处的时间，以帮助我们了解自己的必要性。孤独对学习喜欢自己也是一个帮助。马里兰州巴尔的摩一家精神病学协会的董事巴蒂梅尔博士曾说："以前的人习惯在晚上睡觉前反省一下当天的活动。现在，这仍不失为一个学习如何与他人或自己相处得更好的方法。"

通过学习跟自己独处，我们可以找到一个心灵的停泊处、一个参考点、一个我们与外界接触的基础。安妮·林伯格在《来自大海的礼物》

一书中写道："一个人只有在与自己的内心相沟通时，才能与他人进行沟通。就我来说，孤独能让我找到我自己、我内在的心声。"

孤独能给我们一个较客观地审视生活的场景。"静下来，同时可以体会我就是上帝。"是圣经诗篇中的忠告。这的确是个好的忠告，因为孤独对灵魂的好处就跟新鲜空气对身体的好处一样。

我们都要知道，在这个世界上，你是自己最要好的朋友，你也可以成为自己最大的敌人。在悲喜两极之间的抉择中，你的心灵唯有根植于积极的乐土，你的自信才能在不偏不倚的自爱中获得对人对己的宽宏，达到明辨是非的准确。学会从内心善待自己，你会觉得阳光、鲜花、美景总是离你很近。你平和的心境是滋养自己的优良沃土。

学会说"不"与说"好"

我们一生中所犯的错误，大多是由该说"不"时却说"好"的情况下造成的。

有一天剧作家莫斯·哈特与加森·卡尼交谈。哈特问卡尼对第一女主角的真正感觉，卡尼表示自己并不中意，但编剧喜欢她。"别用她。"哈特坚定地对卡尼说，"不要同意，好好听我的话，我一生中所犯的错误，全是在我该说'不'时却说'是'的情况下造成的。"

拒绝的能力是果断的重要条件，大家总是在要求你——不论是老板、配偶、陌生人、同事或室友。如果你觉得在该拒绝时却说不出口，那么就是让别人操纵你的生活。这也是一种不自信的表现。

的确，在开口说这个简单的"不"字时，女人尤其觉得难堪。韦氏第三版新国际字典对“女性化”一词的定义是：“接受行动……被动。”许多女人自认所谓的女人味就是优柔寡断和被动。有些人觉得慈爱普施是女人的本分，总是先照顾他人的需要，把自己放在后面。不论别人的要求多不合理，对她们而言，答应比拒绝来得容易，而且不会有罪恶感。由于一辈子都当二等人，因此她们对自己作决定的能力也缺乏信心。她们认为：“我怎能不同意呢？他比我知道得多，我的意愿不值一提。”有些人不说拒绝，是因为觉得这会引发争端，或招人讨厌。有些顽固的死脑筋甚至认为女人吃亏是天经地义的事。

学会大声说“不”

女性有拒绝的权利，要学会大声说“不”。卡耐基也告诉女性，要明白、坚定、大声地说出你的回答：“不。”你不必一辈子做个唯唯诺诺的人。威斯康星大学的研究证明：说“不”是一项可以学习的技巧。

(1) 一开始回答时便说“不”。如果不这么说，你会以“或许”或“好吧”来结束。

(2) 用坚定的声音回答。如果你低声说出，语气犹豫，那么所说的话与声音将是两回事。其他人会逮住机会。

(3) 回答简明扼要。如果你解释了半天，就变得心慌愧疚或感觉被动，并开始投降。你要做到言简意赅而诚恳。

(4) 不要让焦虑使你说不出拒绝之词。比如说，你与男友同意分手，不再见面。你对他没有兴趣，他打电话来约你外出，合适的对话应该像这样。

他：“小丽，我想见你。”

小丽：“我认为彼此不该再见面。”

他：“我改变了。”

小丽：“不，我真的不想再见你，也不想再谈下去。”

如果你不坚定，则会发出这样的信息：“我不确定，我可以被说服。”

(5) 你有说“不”的权利。你有权告诉婆婆你不能为她跑腿办事，也有权不借钱给亲戚，更可以严拒登门卖杂志的推销员。你也有权保持自己的作息——虽然这与别人的不同。

(6) 当有明确理由答应时，不必拒绝。说“不”并非自私自利，但你必须考虑周全，包括别人的感觉和你对他人的感觉，这是一种慎重的决定。

比如说，最近玛丽邀请继母到纽约来庆祝母亲节，吃完中餐后去看芭蕾舞。她接受了，然后又说：“咱们不要出去吃中餐，何不做蛋白起司酥。我们在你家里吃饭，我还可以看看你的新椅套。”玛丽原先计划在前一天晚上开个宴会：做蛋白起司酥不但很麻烦，而且玛丽还要在宴会后立刻把家里收拾得干干净净。玛丽不想煮中饭，希望和她去餐厅舒服地吃一餐，但她的需要比玛丽的重要。因此虽然玛丽想说不，但还是心甘情愿地答应，这是出于选择。

(7) 当你想说“是”时，千万别说“不”，否则会将事情带到另一个极端。有一位报业人员，几年前，她有机会到华盛顿一家报社工作，那时她与丈夫吉姆住在芝加哥。她回忆道：“我甚至根本没告诉吉姆我得到该项工作，只是直接拒绝，不是他反对，而是我自己断然回绝。真是疯狂。一年后当他告诉我，他经常梦想住在华盛顿时，我觉得自己像傻瓜。”

切记，在这方面有困扰的并非只有你一个人。当年 36 岁的伊朗皇后在美国接受访问时，她谈起生态学、女权、艺术和教育。她说：“要处理这么多事并不容易，很累人的。当我疲惫时，会食不下咽，感到沮丧……我必须学习说不。”甚至连皇后也有说“不”的困扰。我们必须建立自我价值，如此一来，才能勇敢说“不”。必须睁开双眼、放大直觉，观照我们隐伏的思考方式，它是让恶行蔓生的根源；从头述说真相

 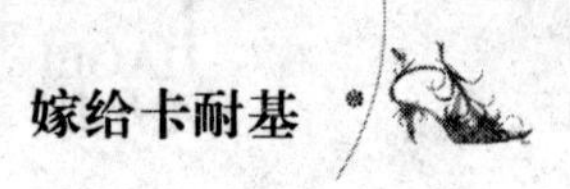

的原委，拒绝容忍恶质的行为，伸出求援的双手，立刻制止恶行的发生。

说“好”的技巧

对某些人来说，说“好”同样是个大问题，来看看露西。

露西8年来一直从事社区社工工作，辅导复原的精神病患者“重回”社区。过去的4年中，她一直担任社工之家的副主管。有一天傍晚下班后，主管约了她去喝一杯。

“露西，我想让你第一个知道，我辞职了。我在医院找到了一个新工作，我已经递出辞呈了。”“那么恭喜你了！真不错啊，丽莎。”露西说。丽莎很高兴地接受了露西的道贺。她喜欢那种受人恭维的感觉。接着她说：“这样对你来说也有好处，露西。”“怎么说呢?”露西问。“你看嘛！你是接替我职位的最佳人选，每当我不在时，你总是全权负责社工之家的一切事务，而且都做得很好。你有足够的资历，而且也有兴趣，不是吗?”丽莎问。

露西感到有些不知所措。她一向乐于以副主管的身份管理社工之家。她知道自己有能力做个主管，而且她也想要这个职位。是的，她非常想要。然而现在她却感到不知所措，而且忐忑不安。“噢……嗯，我必须考虑一下。”露西回答道。

露西很想要这个职位，但是当她被问及的时候，她反而难以开口说“好”了。如果社工之家的主管丽莎就此认为露西不想要这个职位，或者并不确定自己要不要，那么她势必就不会推荐露西接替这个职位了。

像露西一样的人并不在少数，她们为何难以说“好”呢?

首先，认为“我不配”。如果你的自尊相当微弱，无法想象别人为何应该来问你，那么你可能就会有这种感觉。

其次，认为“他们或许不是认真的”。这可能是上一点的延伸。你认为他们之所以会来问你，可能是因为他们觉得有愧于你，或者仅是礼貌性的知会。最佳的因应之道是，允许别人来问问你的意见，至于如何回答就是你的责任了。

最后，还可能认为“我还不够了解情况”。你可能并不十分清楚自己即将答应的对象是什么，因此你应该要求对方提供更多的资料，好让你做出自己真心的抉择。

如何自信地说“好”？卡耐基的建议是：

（1）清楚明确地说“好”。

（2）确认自己难以开口的原因何在。例如：“我可能会太过唐突”“他们应该说服我”“他们并不是真的要我”，等等。

（3）实际审视自己的这些想法，然后扪心自问一番：

——我是否想对这个机会说“好”？

——如果他们认为我太“唐突”，真的会有什么关系吗？

——他们为什么应该说服我？

——如果他们不要我，那么为何还要问我？

（4）替自己理清这些想法，然后再度确认本身说“好”的意愿。

我们要学会在特殊情境中应该灵活运用“好”与“不”。

马克与吉儿都是大学生，现在是下午的休息时间，他们正在学生酒吧中喝咖啡聊天。

“马克，晚上你想去小酒馆吗？”吉儿问道。

马克很愿意和吉儿在一起，但是他隔天还有一篇报告要交。

“好啊，吉儿，我很愿意去。不过我只能在那里待几个小时，因为我在明天之前必须完成一篇重要的报告。”马克回答。

“噢，不能晚点交吗，马克？你可不可以拖到下星期？”吉儿略显忧伤地问。

“不行，吉儿，没办法。我必须完成这篇报告，这对我来说是一件相当重要的事。然而我还是会过去一下的。”马克回答。

如果吉儿是个自信者，此时她就可以对马克说“好”，或者对他说“不”，要不然也可以先答应，然后等马克到了小酒馆之后，再说服他留下来，或者再恳求他留下来。这种做法也使得马克有另一个表现自信的机会。马克借由这种将“不”与“好”并用的方式，不仅让自己达成所愿，更赢得了吉儿的尊敬。

当自己真正想说“不”时才说“不”是一种正面的做法，而非负面的。如此地运用“不”，是自信训练中一种既基本又强有力的技巧。同样的，我们很多人也难以开口说“好”以接受他人的授予。为了使双方“扯平”，我们经常会觉得必须立刻投桃报李。如果我们有足够的自信，必能接受他人的赞美与授予，而不会因为他人施惠于我们，就觉得自己处于弱势。

能听意见，也有主见

放弃你的顽固，并不是让你一定要去接受别人的观点，放弃自己的意见。而是让你敞开心扉，听一听异己的声音，对你的观点重新思考一下。

一个人有主见，有头脑，不随人俯仰，不与世沉浮，这无疑是值得称道的好品质。但是，这还要以不固执己见，不偏激执拗为前提。为人处世，头脑里都应当多一点辩证观点。死守一隅，坐井观天，把自己的偏见当做真理至死不悟，这是做人与处世的大忌。

做人还是要心胸开阔一些，以真诚的态度追求更为崇高美好的东西，而不是夸夸其谈，不懂装懂，要养成善于接受新事物的习惯，告诉

自己学会自我调控，心平气和地接受异己之见。

如果你对这件事的看法由来已久，想要改变的确很难，而且有句话还说过，走自己的路，让别人说去吧。想必这句话一直都是你坚持己见、排除异见的动力吧！没错，能够做到在重压之下坚持己见，不人云亦云，的确难能可贵，而且很让人钦佩，值得推崇。但是，任何事都不是绝对的，都要分情况，任何事的成立都只是在一定的条件下，离开这个特定的条件，真理也许都会变成谬论。所以，冷静地想想，你的意见真的是经过深思熟虑之后形成的吗？回过头来重新思考一下这件事，再分析一下你的观点成立的所有条件，这些条件真的能站得住脚吗？它们真的能成为支撑你观点的论证吗？也许，时间变了，条件变了，观点也要随之发生改变，你真的还能如此因循守旧吗？

改变平时的习惯，认真听听别人的意见，并和他们交流一下，把你的想法说出来，让他们来帮助你分析一下，评点一下。一己之力还是有限，有时候凭一人的视角，难免有些“井底之蛙”。也许有些问题，由于疏漏，你一直没有发现，听听别人的意见和想法，他们会告诉你许多你没有看到、没有想到的事情。

放弃你的顽固，并不是让你一定要去接受别人的观点，放弃自己的意见。而是让你敞开心扉，听一听异己的声音，对你的观点重新思考一下。最后的结果，也许你还是没有找到推翻你的观点的证据，如果是这样，你还是可以继续坚持，直到你找到推翻的充分论证。

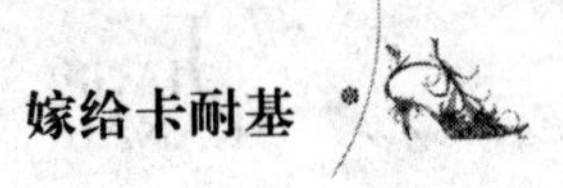

行动之前请思考

那些只依着情绪、偏见或性急就不分事实地采取行动的冲动行为，实在是一种不成熟的表现，它和小孩子们“立马就要”的欲望十分相似……

我们先来看这样一个事例。

墨西哥州阿尔布奎克有一位考斯太太，几年前曾为如何妥善安置她生病的母亲和维持家中的开销而伤透脑筋。事情起因于一向给予她经济援助的叔叔打来电话，问她能否节省一些开销，或削减两个护士的薪水，因为他最近经济有点紧张。

对考斯太太而言，这并非是最理想的解决方案。在电话里，她答应叔叔说考虑好就给他回电话，后来，她表达了对叔叔的感激，也表示愿意减轻他的负担。

“由于我善于在纸上思考问题，”考斯太太说道，“因此我拿出一大本活页纸来，将所有的收入列出一张表来，包括自己所有的有价证券收入和叔叔给的接济，然后列出所有支出。通过这些表，我发现母亲的衣食支出很少，但有一个支出庞大的大房子，加上两个女护士的薪水，还有税金、保险费等，支出数还真挺惊人。显然，这幢房子应该处理掉。

“当时，我唯一的顾虑是，母亲的健康状况越来越糟，我不敢确定搬家对她来说是否妥当。更何况，她曾表示不愿离开那幢房子到别处去度过余生。对这一点，我有些顾虑，不知道该如何办才好，因此，我去

请教一位医生朋友，她建议我去找那个离我家很近，行程不过 3 分钟的一家私人疗养院的女主人。

“这是个仁慈又能干的女人，她答应了我预算之内的费用来照顾我母亲。因此，我最后决定把母亲送到她开的疗养院去。

“事实证明，我这么做还算是比较明智的选择。母亲一直不知道她已搬了家，住进了疗养院，她一直以为自己仍住在家里。我也能天天去看她而不必一周才去一次。母亲受到了更好的护理，叔叔的财务问题也解决了，我也十分欣慰。这个经验也告诉我，如果我将遇到的问题列在纸上，好好分析的话，通常都能得到很好的解决。此后，我经常使用这个方法。”

考斯太太的成功告诉我们：只要事前进行详细的分析，通常没有解决不了的问题。如果考斯太太事前没有对事实进行适当的分析就采取行动，她可能会严重危害母亲的福利，更不要说妥善解决财务危机了。

伊利诺依州的吉姆夫妇也遭遇过这种问题。和许多新婚夫妇一样，吉姆夫妇还没度完蜜月便开始为他们的欠债发愁。当时正赶上二战期间，眼看着吉姆就要应征入伍了，家里却有一批账单还没付完。

“最后，”吉姆说，“我们明白，光靠发愁或担忧是没法解决问题的。于是，我们坐下来做了一下清算的工作。结果是：几乎镇上的每个商人，都欠了些钱，不算太多，但是加起来超过我入伍前的清偿能力。最后，我们决定正大光明地告诉每一个商人，我们打算每个月还一点钱。

“可能我所做过的最让我感到难为情的一件事，便是如何面对第一个商人，告诉他，我不久就要离开了，而且无法清偿欠款。但是，当我告诉他，我打算每个月清偿他一小笔钱时，他满怀理解地接受了，我也大松了一口气。接下去，其他的商人也都很仁慈体谅。后来，我的债务便一一清偿完毕。战后我回到家里，还有一个商人专门到我家去，感谢我的诚实守信。

“当我们遇到问题时，只要我们能静下心来分析困难，便能够做出决定，并采取行动，而且这么做，往往是明智而确切的。”

但是，生活中并没有多少人能像吉姆那样，愿意静下心来，好好地面对问题。他们往往会愁眉不展、夜夜失眠，尽可能拖延做决定的时间。如果遇到实在无法再拖的情形，他们往往就会惶恐地仓促行事，结果事情办的往往不尽如人意或者干脆糟糕收场。他们总是避免面对现实去分析问题，所以永远无法了解处境的复杂。

我丈夫有一次去访问哥伦比亚学院院长霍克斯先生时，他发现在霍克斯院长这样的大忙人的办公桌上竟然十分干净，没有任何文件或档案。

“有这么多学生的问题需要处理，”我丈夫说，“你一定要经常做决定。可是，看起来，你却不慌不忙的，你究竟是如何做到这一点的?”

“哦，”霍克斯院长说，“是这样的，如果我要做什么决定，我会集中精力搜集与此有关的一切资料，当然，我是唯一的资料收集委员会的委员。我不管我的决定是什么，只分析与此有关的一切事实，如此一来，决定就自己产生了。挺简单的，不是吗?”

的确挺简单，也很明显，但是，如同许多常识一样，它常被人们忽略。那些只依着情绪、偏见或性急就不分事实地采取行动的冲动行为，实在是一种不成熟的表现，它和小孩子们“立马就要”的欲望十分相似。他们会不顾来往穿行的车辆，就想横穿马路；毫不顾忌可能令人中暑的酷热立马就想跑到海滩上去。他们做事往往不假思索，断然就采取冲动、鲁莽的行动。

一次，有位妇女向我透露她的担忧，原来她怀疑丈夫对自己有不忠行为。她正十分犹豫不知道该如何处理才好。是将自己的怀疑坦言相告，或是和他谈开或是干脆带着孩子回娘家去?

“你凭什么认为他在外面会有别的女人?”我问她。

“哦，”她说，“我看出他最近的表现有点反常。以前，他是一个很容易相处的人，现在，他却动不动就发脾气，甚至还骂我，指责我，他说他需要加班，工作太累，根本没精力再陪我逛街了。很多小事也表明了这一点，他甚至忘了我们的结婚纪念日。如今的他，完全变了！”

听起来事情确实有点不对劲，但我还是劝她最好冷静，不要贸然行事，即使采取行动，也要先查明一些原由。

我建议她首先最好请医生为她丈夫做一次体检，另一个建议是要她设法查明她丈夫是否在工作上出了什么差错。

这个建议十分奏效。医生检查出她丈夫身体有病，急需进行手术治疗。手术后，他又恢复了原先的和善，他太太也不再疑神疑鬼了。

在行动之前做出详细的思考，是一个人的心灵走向成熟的一个标志。我们应该养成这样的习惯，避免因冲动而造成不必要的困扰。

打开智慧之门

如果一切条件都相同，聪明才智可算是成功女性一项美好的特质。一个女人在追求喜悦和财富时，智慧比聪明才智重要。一个女人要想获得成功，她应该致力于智慧的获取。

如果一切条件都相同，聪明才智可算是成功女性一项美好的特质。戴尔认为一个女人在追求喜悦和财富时，智慧比聪明才智重要。有许多高智商的人未能善用他们的聪明才智，过着非常不快乐的日子。可想而知的是，在许多情况下，兼具高智商与智慧的人似乎少之又少。

决定人们是否能够获得成功与幸福的最主要因素就是智慧，因此，一个女人要想获得成功，她应该致力于智慧的获取、心灵的成长和心智的成熟。

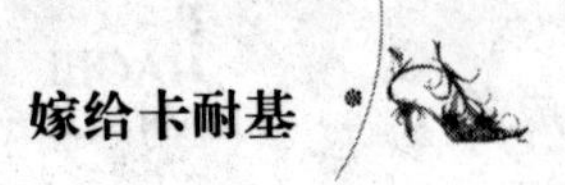

获取智慧

人虽然可以依智商来归类，可是你给他们的分数却无法预测他们的成功或幸福程度。不过，我们这个社会虽然强调智商，却很少考虑智慧。

智慧不像智商，无法精确测量。它是无形的，它包含人生的层面，如透视力、自发性、创造力和社会技能。被视为“现代心理学之父”的威廉·詹姆斯说：“智慧是以非习惯性的态度去看待某件事。”它是用新的观点去看待一个老问题，当你发现并且开始信任你的智慧时，你就会将自己从固定的惯性思考模式与解决问题的方式中释放出来，而且可以更轻易地迈向喜悦与成功。简单地说，智慧就是不必“思考”就“看见”答案的能力。它存在于你的思考心灵的界限之外。通常，智慧是看见显而易见的事。与思考心灵不同的是，智慧没有忧虑。

有一个示范智慧的故事，一辆大卡车卡在天桥下，这辆卡车太高了，所以看不清楚路况。警察把城中最优秀、最聪明和身价最高的工程师都找来，集思广益看应该怎么处理。他们带来了电脑、笔记本和滑尺。他们彼此讨论空虚议题。他们想了好几个钟头，就是想不出如何能在不破坏高速公路的条件下移动卡车。一切看起来似乎都太复杂了。这时有一个小男孩，走向这群人，他扯扯其中一人的裤管。“对不起，先生，”小男孩以尊敬的口吻说，“你们为何不把轮胎的气放掉？”一句话解决了一个大难题。

事业最成功的人，一般不是最聪明的人，也不是受过高等教育的人。有许多哈佛高材生虽然受过良好的教育，却不一定能在事业上获得成功。就拿成功商人来说，赚最多钱和得到最多赚钱乐趣的人，都是具有创意，有高度动机，有敏锐的直觉，有胆量，反应快，直觉灵敏，而且有能力看见机会的人。这些特质和其他特质，不是来自智商，而是来自智慧。因此，一个女人要想获得成功，她应该致力于智慧的获取。

善用心灵

纽约时报曾刊载一篇关于依萨克·普莱斯勒的访问。普莱斯勒先生白天在一家百货公司当销售员。他完成了4年的高中夜校教育之后，立即进入布鲁克林学院夜校就读，以完成大学学业，继续研读法律。他在英文课上的一篇题为《快乐是什么?》的作文中写道："取得高中文凭，进入大学，然后期待成为一名律师——对我来说，这就是快乐。""光是期待就足以使我快乐了，"普莱斯勒先生说，"大学要5年或更长的时间，然后进法律学院又要5年。"对年轻人来说，这是个很有抱负的计划，但是要知道，依萨克·普莱斯勒在进大学之前，刚度过60岁生日。他知道，对成熟的人来说，学习是一种任何年龄都可以获得的快乐经验。教育并不局限于校园之内的正规授课。

哈佛大学前校长罗伦斯·罗威尔博士曾经说过，大学或教育训练制度最多只能教会我们如何帮助自己，也就是说，归根结底，我们都得自己教育自己。教育是一种成长的过程，一种源自心灵并使心灵扩充发展的过程。一旦了解了这一点，教育和自我完善便成了生命中任何阶段都令人兴奋的追求。

美国人最喜爱的新闻评论播报员罗威尔之父罗威尔·托马斯博士，是一位文化修养极深的绅士，聪慧且兴趣广泛。诺门·皮尔博士曾经谈到托马斯博士晚年去拜访他的事。尽管托马斯的体力已经衰退，但头脑还是像以往一样敏锐。见面寒暄后，托马斯博士问皮尔博士："诺门，你对亨利八世有什么看法?"皮尔博士承认他对亨利八世没有什么研究。托马斯博士说，他最近一直在研究这位君主。托马斯认为，历史学家没有给予公正的评价。接着他便说出他自己对亨利八世的看法。

心灵是最重要、最基本的东西，如果我们加以滋养，它就会成长；相反就会发育不良，而且会因为缺乏运用而萎缩。只让心灵处于教育的影响之下是不够的，必须对它加以运用，让它对教育的影响做出深刻的反应。我们可以加入读书俱乐部，去听歌剧、演讲，但这些除了会在聚会中增加一些谈资之外，没有更深的意义和价值，任何人都可以裹上这层薄薄的文化外衣。在这层薄薄的文化外衣底下，心灵仍然可能像以往一样幼稚。

一个成功女性取得智慧的最佳方法就是，懂得它存在，并且信任它。让你的心灵尽可能保持澄明，懂得有一种更深刻、更聪明的思考——你的智慧——是唾手可得的。当你觉得自己的思绪太恐慌、反应过度，或者你太努力时，试着后退一步看怎么样。你将会发现，善用心灵就可以得到一个比较柔和的焦点。

在内心深处，每个人都明白，每个问题都有一个解决方法。许多时候，解决之道来自沉着的观察者，这就是大企业为何要雇用顾问的主要原因。通常，我们无法看见显而易见的解答，这是因为我们被困在情绪化的反应，以及观看人生的习惯方式之中。

正面处理问题的另一个办法是镇定下来，反省和倾听，让你的智慧，也就是你的思考中较柔和的那一部分，浮现出来。

砥砺心智

通常心智发展与学习活动都在正规教育中进行，一旦离开学校，许多人就不再认真学习——从不阅读严肃的书籍，从不在工作之外求知，从不分析思考，也不努力写作，徒然把时间浪费在看电视上。根据调查，多数美国家庭每周看电视长达 35～45 小时，与工作时数不相上下，甚至比上课的时间还长。电视具有最强大的社会教化力量，观众无形中被荧屏上的价值观洗脑，影响力可谓无所不在。

选择电视节目必须掌握重点，以辨别最符合自身价值观与目标的节目。智慧女性每周看电视的时间应该维持在七小时左右，平均每天一小时。在一次各领域精英女性的集会上，她们讨论了看电视的利弊，最后大家一致同意看电视成瘾或沉迷于肥皂剧是一种病态。有些电视节目固然寓教于乐，但也不乏浪费时间，甚至产生副作用的烂节目，必须慎加选择。

教育才是砥砺心智的正途。借重外来的教育与训练不失为继续求知的良策，但智者更懂得如何把握机会自我教育。

自我教育的最佳方式莫过于养成阅读文学名著的习惯，进而师法伟人。因此，我建议女性朋友们由月读一书开始，然后进步到两周一书，甚至每周一书。

写作是砥砺与充实自我的另一有效途径。记下个人的心得、经历、思想，可以理清思路，增进思考能力；撰写思想深刻的信函也同样有益。

智慧女性的十项必备修养

女子要想在事业上获得成功，就必须注意三件事：一是要具备专业知识，相信自己有能力胜任；二是要学会合理支配时间；三是要学会控制自己的情绪。纽约的一位女经理卡·斯贝林向女同胞们介绍了“十项修养秘诀”。

(1) 要有条不紊地安排工作，召开会议要有充分准备。发言时要使用通俗易懂的语言，简明扼要地进行叙述。说话要大胆，不能吞吞吐吐，同时注意不要让别人打断你的话。

(2) 不要过多地靠打手势来阐明你要表达的意思。

(3) 不必装作对自己的下属你都一样喜欢，要学会“看事不看人”。要把精力集中在本公司要完成的业务上，不要把精力分散到雇员们之间的关系或他们的家庭私事上去。

(4) 不要装作“万事通”，应当不耻下问。这样，有利于树立你的威信，使人感到你和蔼可亲。因为谁都懂得，你并不是一个无懈可击的女人。

(5) 工作中与人接触要有幽默感，这样有利于缓解紧张气氛。

(6) 不要多谈自己的私生活，以免造成误解。不要听信谣言，更不能捕风捉影，否则将影响公司内的人际关系，从而危及公司的业务。

(7) 与男人接触时，既要讲究女子的大方，也要把握住分寸，不要给人造成卖弄风情或举止轻浮的印象。

(8) 对于下级人员的工作，要努力做出客观评价。

(9) 不要完全抹杀你同下级之间的距离；你对男雇员的风度做出应有的反应，并不是羞耻的事情。

(10) 要注意自己的服装和仪表，衣着应当高雅大方，工作岗位上不应穿过分袒胸露背的衣服，更不要模仿男子的打扮。

一项社会调查还表明，商界妇女必须具备女性的特殊魅力，一个注意适合其身材、肤色打扮的女经理，更能获得公司男经理们的信任。从男子的角度看，穿女装套服，留短发，佩戴必要的首饰，打扮淡雅的女士，比穿“迷你裙”、浓妆艳抹、穿牛仔服的女性更具有魅力。而这种魅力，毫无疑问，正是你获得事业成功所不可缺少的。

珍惜异性的友谊

拥有异性的友谊，对女人来说是一件很好的事情。友谊比起夫妻关系的优点是，不指责对方、不占有对方，更无需去讨好对方。男女之间，不一定非得做了情人，才能成为“最好的朋友”。

男人和女人可以成为朋友吗？回答是肯定的。除去爱情，成为朋友是他们之间最好的、最恰当的交往方式，正因为存在着性别的差异，异性友谊才显得更加引人注意。

异性友谊很多都可以发展成爱情，所以它经常会招来许多流言飞语，使人们面对渴望的友情止步不前。但男人与女人之间的友谊，的确可以同男人之间或女人之间的友谊一样，亲密、无拘无束而又天长地久。

很多女人最初也许会有几个异性的朋友，而她们一旦结婚或是与她关系密切的那个男人最终成了她的情人，她与其他异性朋友的友谊就会中断。这种情形非常普遍。究其原因，可能是她最初和异性交往就是为了寻找和挑选意中人。目的达到了，多余的关系也就成了累赘。也可能是她担心和其他异性交往会影响他们美满的爱情，那些喜欢吃醋和无端猜测的男人的妻子尤其有这种担心。

实际上，拥有异性的友谊，对女人来说是一件很好的事情。友谊比起夫妻关系的优点是，不指责对方、不占有对方，更无需去讨好对方。男女之间，不一定非得做了情人，才能成为“最好的朋友”。

“我很幸运，我有好几个同女朋友一样的男性朋友——我们可以撇开性别的禁忌，无拘无束地谈论我们最隐秘的思想和情感。如果我说出一个闪过脑际的很琐碎的想法，诸如‘我是不是该剪头发了’或‘你觉得我该把这屋子怎么布置一下’，他们听后不会打哈欠，也不会对我的问题避而不答。”

“我的男性朋友们总是不带任何评判和责备地倾听我对他们诉说我的恐惧、我的担心、我的各种问题和莫名其妙的烦恼，而我也是以同样的方式对待他们。”

安妮有很多男性朋友，同他们的交流使她的女性思维得到延展，而她本身亦具备了一些男性思维的特质，这使得人们对她刮目相看。

很多人也许很迷惑，不是性，那么女人同男人交往又想得到什么呢？或者换句话说，一个可交往的男人所能给予的友谊到底该具备怎样的特性呢？

几位把男人列为好朋友的女人，向人们提供了她们的看法。

看法一："我从男人那里学到了一些女性朋友不能给予的东西。我这样说不是看不起我的同性，我是说男人确实具有不同于我们的志趣。比如钓鱼，就多半是男人热心从事的活动，女人则很少对此感兴趣。我的一个男朋友，最近带我去钓了一次鱼，我钓到一条红色的真鲷，我自己也跟着上了钩，迷上了钓鱼。现在我每周末都去钓鱼，有时和他一起去，有时和通过他认识的人一起去。那是一个崭新的世界。我开始读海洋生物方面的书，这确实扩大了我的视野。"

看法二："我的男性朋友向我揭示了所谓'男性的奥秘'。我的意思是说，通过和他们交谈，听他们诉说苦恼，求他们帮助我解决问题，我了解了男人的想法和男人的感觉。他们对不同问题的看法——小至开车时如何拐好弯，大至对于性羞涩的看法，都对我很有帮助，很有启发，也很有安慰作用。"

看法三："如果你有许多男性朋友，你就不一定非得跟谁去约会。我一次又一次地发现，和一个自己很喜欢的男人在一起，会和自己爱的男人在一起一样，得到许多乐趣。不谈恋爱，也可以和男人很好地交谈，说笑话，可以在一起对一部随便去看的破电影肆意嘲笑，一块儿去新开的野味餐馆尝鲜——总之，可以在一起做许多乐事，相伴度过一个美好的晚上或下午。"

看法四："我要告诉你我从男人身上得到的那种从女人那里得不到的东西，那就是一种安全感。我从女朋友那里得到的安慰是母性的、温暖的，是感情上的支持。我不是说男人不能提供这种安慰，他们是能够的。但是男人，单凭他们身强体壮，单凭他们是男性这一点，就给了你一种保护，我想这也与我那种把男性与权威和力量联系起来的传统观念有关。男性对于我时常意味着一种父亲形象。

"不管原因是什么，我可以举个例子来说明我的看法。几年前我做了次大手术，当我从麻醉中清醒过来时，我意识到家人和朋友都在我身边。我感到爱他们每一个人，但我想立即伸手去拉住的只有我丈夫和我的生意伙伴——一个老朋友。”

如果更多的男人和女人在交往中只想着与对方建立友谊而不是爱情，那么，对方也会来回应他们。这样，两性间才会建立起良好的、高尚的关系。而我们，男人和女人们，都将成为胜利者。

在这一点上，我丈夫戴尔认为，男人与女人的友谊，可以和女人之间的友谊一样亲密、无拘无束而又天长地久。

有的女人可能对此不以为然。因为她们在与男人的约会和交往中，非常沮丧地发现：性在男人们心目中总是存在。女性的沮丧和不安也许是有道理的。性，确实是男女交往中的一个不小的障碍。一个男人遇到一个女人时，性的潜在可能会经常存在，但这并非不可避免。一个男人不一定非得做了你的“情人”，才能成为你“最好的朋友”。而且，没有人规定有了性冲动就一定要付诸行动。

男女间的友谊，经常是在一方已幸福地结婚或订婚，或双方都已各自有了成功的爱情的情况下发展得更顺利。在这种情况下，尽管双方之间相互的吸引力会对友谊的形成产生一定作用，性本身却不会成为一个现实的问题。与别人的爱情不会影响两个朋友之间的精神联系、工作关系，或其他类型的交往。

戴尔认为，在职场中，学会与男同事建立友谊有助于一个女人的发展。但是，不要勉强自己，否则适得其反。女性也可以找机会加入专业小组，增加与男同事交流和讨论的时间。一旦混熟了，也可以彼此邀请外出用餐，增进友谊。

练就坚忍的意志品质

不成熟的人，总是把生活中的小波折当成人生的障碍，而期望得到命运特别的考虑或照顾。而有着成熟心灵的人的特征便是：能够正确认识生活，勇敢地接受生活的考验。

人的一生难免要遇到困难和障碍，谁都不可能一帆风顺。而那些蔑视困难，敢于向障碍挑战的人是成熟的人。即使他们身处黑暗的世界，仍能为自己负起责任。他们不愿过向人乞求的生活，面对困难或挫折，他们从不绝望，也从不去找借口。

爱德华先生是个多才多艺的奇人。他才思敏捷，又热心助人，既懂得倾听又善于说话。有一次，我们谈起一个话题，是关于那些虽身处恶劣的环境却仍然对这个世界做出了伟大贡献的人。其间，爱德华问："你听说过纳森尼尔·鲍迪奇吗？"我反问他："鲍迪奇是不是一个对航海术相当精通的人？"

"没错，就是他！"爱德华说道，"纳森尼尔·鲍迪奇活到65岁，他出生于1773年，从10岁起，他就开始以自修的方式学习拉丁文，并研究牛顿的数学原理。到21岁时，鲍迪奇已经是一位比较出色的数学家了。由于他喜欢航海，便又去钻研航海术。据说，有一次，他教给船上的所有船员，甚至船上的厨师，如何观察月亮和星星的位置来确定每天的船位。后来，他又写了一本有关航海术的书，并成为经典之作。这对一个从没受过正规教育的人来说，实在了不起吧？"

对鲍迪奇而言，他根本不知道障碍为何物，也许从没人告诉过他：

想当一名科学家，大学教育是必不可少的阶段。因此，他可以无所顾忌向前冲，并以自学的方式获得各种必需的知识。对鲍迪奇这类从不知困难为何物的人来说，障碍这个词的意思就是“胡扯”。但是，对那些总想逃避责任的人来说，障碍或困难则成了他们最好的挡箭牌。

你也许听过不少人无奈地说，他们之所以不断遇到挫折或失败，最根本的原因就是没有受过大学教育。对这类人来说，就算他们真的上了大学，他们仍能为自己找到各种推脱的理由。而一个真正成熟的人绝不会如此，他会想方设法去克服困难，绝不会找理由来逃避责任。

贫穷算得上是个障碍，我们有理由不战而败、甘心认输吗？曾任美国总统的赫伯特·胡佛，幼年时期的他只不过是依阿华州一个铁匠的儿子，更不幸的是，他的父亲过早地就离开了人世。国际商用机器公司的总裁托马斯·J·华生早年只是一名周薪只有两美元的普通书记员，当然也不曾拥有任何一部机器。影视界的泰斗级人物阿道夫·朱柯最初也只不过是以毛皮商助手的身份，着手经营他的第一家小游乐场。

从没有人听见过这些成功人士抱怨他们自身是如何被曾经的贫穷所阻碍。他们一心所想的是如何克服障碍，根本没有时间去自艾自怨。

由于身体羸弱，而使得自己的大半辈子都形同病人的罗伯特·路易斯·斯蒂文生并没有让疾病成为自己工作或生活上的障碍。他的精神状态里始终焕发着阳光、力量、健康和成年人的活力，而这种旺盛的生命力也始终洋溢在他的字里行间。由于斯蒂文生拒绝向病痛屈服，努力活出自己的价值，最终在文学世界里赢得了自己的一席之地。

世界上还有很多虽遇到不少的障碍却仍然成为伟大人物的人：拜伦天生跛脚；裘利斯·恺撒是个癫痫症患者；贝多芬耳朵后天失聪；拿破仑身材矮小；莫扎特为哮喘病所苦；富兰克林·D. 罗斯福患有小儿麻痹症；海伦·凯勒自小就又盲又聋又哑；歌唱家珍·弗洛曼不幸在一次飞机失事中严重受伤，但她奋力康复，终于又重放异彩；女演员苏珊·鲍尔虽因切除一只脚而感到痛苦，但也并未因此而妨碍了自己的婚姻幸福和在电影界的成功。

说起女演员，被称为“了不起”的莎拉·巴恩哈特又是怎么面对她人生障碍的呢？据说，她小时候是个遭尽别人白眼的丑陋的私生女。按照有些人的做法，她大可以把自己早年所处的恶劣环境当做自己偷懒、推脱的最好借口，但莎拉并没这么做，而是在困境中奋力进取，并最终成为演艺界不朽的人物之一。

罗伊·L. 史密斯曾经写过一本传记，定名为《圆满的一生：死神门前的徘徊》，十分富有启发性。

讲的是一个名叫艾莫·赫姆斯的人一生经历的故事。当艾莫·赫姆斯在俄亥俄州韩特维尔刚出生后不久，一个乡村医生曾对他作出这样的断言：“这孩子绝对不可能存活。”

但这位乡村医生的预言并没有实现。艾莫·赫姆斯不但活了下来，而且十分长寿，尽管他一生为严重的肺病所困。在 90 年的生命中，他的肉体不断接受着病痛折磨的考验。由于他糟糕的身体状况，他无法干重活，于是，他把兴趣转向阅读。在他 28 岁那年，艾莫·赫姆斯成为卫理公会的一名牧师。此间，他曾两次旧病复发，但这些都不能使他丧失生活的勇气。他的事迹引起了巧克力制造商约翰·胡伊勒的关注，他向艾莫·赫姆斯提供金钱来帮助他治疗疾病。几个月后，这个被认定必死无疑的人走出了疗养院。

艾莫·赫姆斯重回教堂，通过传道来筹集资金，以资助各大学和医院。作为“单肺牧师”的艾莫·赫姆斯，他为自己树立了筹募 300 多万美元的目标。

艾莫·赫姆斯在 69 岁退休时，他已布道 1 000 多次，写了 2 本书，为宗教和慈善的目标筹募了 50 万美元，担任了 20 个机构的董事，个人出资 5 万美元在加州大学附近又建了一座教堂。

艾莫·赫姆斯从没想过什么叫“障碍”。他只知道自己拥有一份鲜活的生命，他必须为生命负起自己的责任，因此 90 多年的时间里，他一直十分珍惜地勤奋工作着，他的名字简直就是“勇气”的代名词。

在这个过度强调年轻和青春的国家和时代里，许多年龄较大的人感到受到了年龄的阻碍，他们不时会有被架空一切或被时代抛弃之感。

萧伯纳一向十分鄙视那些拿环境不好来抱怨命运不济的人，“一味地抱怨环境只会使他们成为目前这种样子”，他说，“我不相信环境的阻碍之类的借口。这个世界上有成就的人，都是那些能主动寻找适应环境的人，即使找不到，他也会自己去创造一个。”

其实在生活中，如果刻意地去找，每个人都能找到自己能够抱怨的“阻碍”。我在年轻的时候，就为自己的身高而烦恼过，而我烦恼的理由是：我发现我比大多数的同学个子要高。多年后，我才知道自己当年的想法是多么可笑！要知道，身高就像其他的一切一样，可能是个短处，也可能是个长处，而这完全由自己的态度而定。

与他人相比，如果自己只有一条腿而他人有两条；如果自己比他人贫穷或富有，实际上，无论我们是胖是瘦，是漂亮或是丑陋，是金发或是黑发，是开朗或是害羞，如果我们想让它成为自己开脱责任的“阻碍”的话，我们与他人的任何不同之处都可能成为“阻碍”。

不成熟的人，总是把与别人的不同之处视为障碍，而期望得到特别的考虑或照顾。而有着成熟心灵的人的特征便是：他能认清并认同自己与他人的不同之处，然后会考虑或是接近或是对自己加以改进。

学会承受生命的压力和重量

有时我们感到自己已陷入了窘境，实际只不过是有一些困难堆成一座废墟而已，你得把它们埋葬掉，一个一个解决，要保持清醒的头脑，还要有足够的忍耐力。

人生的困难有时会接踵而至，“屋漏偏逢连阴雨”的情况是常有的。越是在这种时候，越要保持极大的耐心。

正如有连遭不幸的公司，同样，也有连遭悲伤和苦恼的个人，这是这个社会的现实。没有人能弄清楚其中的理由，你也可以说命运难以捉摸。你可以痛恨人生的不公，可以自我怜悯，同时也在拼命挣扎，但是你也能够按照你的想法，直起腰杆，挺起胸膛，不管是在个人还是在职务上，努力去面对。

要相信主动权在于自己，而不在于问题。如果遇到睁开眼睛就是重重困难的境况，你就需要有战胜困难的勇气和深思熟虑拟订收复失地的计划的能力，要培养出这两种特别的气质，否则只能停滞于现状，受到严重的打击，日夜悲伤，什么也不想干，一味这样消沉下去。

为了积极的行动，就有必要积极调整心情，这也许是最难的；可是要战胜困难，首先必须决心去面对它。无论如何，要努力恢复自信。

有时我们感到自己已陷入了窘境，实际只不过是有一些困难堆成一座废墟而已，你得把它们埋葬掉，一个一个解决，要保持清醒的头脑，还要有足够的忍耐力。

克莱斯勒公司的总经理凯勒先生说：“要是我碰到很棘手的情况，只要是想得出办法解决的，我就去做！要是干不成的，我就干脆把它忘了。”

不必为未来担心，因为没有人能够知道未来会发生什么事情，影响未来的因素太多了，也没有人能说出这些影响都从何而来，所以何必为它们担心呢？19 世纪以前，罗马的大哲学家依匹托塔士曾说过：“快乐之道无他，只有一点，只要是我们的意志力所不及的事情就不要为之忧虑。”

“对某些必然之事，尽快地承受。”这是人生活中须谨记的一句话。当我们遇到不如意时，不要总想着为什么别人那么好，无忧无虑，要学会忍耐，这其实是一种人性的升华。

化解压力

现代生活中，事业和家庭的双重责任让很多人无法承受。诅咒压力、憎恶压力，在压力中消沉，甚至在压力中崩溃，选择一些极端的解决方式。这样的例子都不胜枚举。

压力到底是一种什么样的东西，可以有如此大的摧毁力。压力来自方方面面，工作的繁重、生活中的各种琐事、情感纠葛、人际关系紧张都可能造成压力，让你感觉到一种“备战状态”，精神高度紧张，随时等待着灾祸的发生。绝大多数社会人都面临着相似的境况，尤其是金融危机来临之后，大家都在担心自己的饭碗能否保得住、高额的房贷如何偿还、父母子女等待供养……可以说，承受着压力是一个现代人的常态。但问题是，一些人似乎能够承受，而另一些人却被压力击垮。究其原因，外部压力的大小只是很小的一部分原因，更大的原因来自于自我。也就是说，是我们自己让自己的心灵背负了沉重的压力。

所以，与其在压力来临时诅咒它，不如从自身做起，改观心态，增强承受力，更要向沙漏学习怎样把压力一点一滴地释放。

化解压力的 5 个小方法

人生在世，必然要面临各种各样的压力，当你学会调整自己，让压力一点一滴而来时，按部就班，它就会不断推动着你努力前进。

你也可以试试这些化解压力的办法。

（1）罗列出具体的压力源

你可以仔细思考自己到底有哪些压力，它是来自工作、生活、交际还是其他方面，把让你感到困难的事情仔细写出来。一旦写出来以后，你就会发现了解自己的具体所想就能化解掉一半的压力。

然后为这些事情排一个序，哪些是你必须马上要解决的，哪些是可以稍微放缓一下的。从重点开始逐个一一击破。

（2）自我心理暗示

通过积极地自我心理暗示，如告诉自己“这些都不算什么，我可以轻松解决”，或者训练思维“游逛”，如想象着“蓝天白云下，我坐在平坦绿茵的草地上”“我舒适地泡在浴缸里，听着优美的轻音乐”。这些积极的暗示都能在短时间内让你平复心情，获得一些轻松之感。

（3）用大哭来发泄

心理学家认为，大哭能缓解压力。一个对比试验可以证明这个结论：心理学家曾给一些成年人测验血压，然后按正常血压和高血压编成二组，分别询问他们是否偶尔哭泣。结果87%的血压正常的人都说他们偶尔有过哭泣，而那些高血压患者却大多数回答说从不流泪。由此看来，让人类情感抒发出来要比深深埋在心里有益得多。

（4）为压力寻找合理的解释

这个方法是在你明确压力来自什么方面以后采取的，目的是增强心理承受能力。比如说当你在繁重的工作中与同事产生纠纷，感觉到对方更增添了你的工作压力。这个时候你不妨想一想对方的处境，他可能最近面临着什么困境，所以情绪不稳定，因而在与你的合作中产生了摩擦。这样一想，你就会觉得心里平和多了。

(5) 寻求支持

当你觉得自己的心理压力过大，已经快超出承受范围的时候。可以适当地向亲戚、朋友、心理医生求助。倾诉可以缓解你的精神紧张，千万不要一个人硬撑。其实承认自己在一定时期软弱，然后通过外部有益的支持降低紧张、减弱不良的情绪反应是明智之举。

总而言之，压力是客观存在的。你不可能减掉所有的压力，但是把压力放在沙漏里，让它一点一点地囤积，又一点一点地漏下，你的生活就能找到平衡，心情也能归于平静。

放弃生活中的“第四个面包”

两千多年前，苏格拉底站在熙熙攘攘的雅典集市上叹道：这儿有多少东西是我不需要的！同样，在我们的生活中，也有很多看起来很重要的东西，其实，它们与我们的幸福并没有太大关系。

非洲草原上的狮子吃饱以后，即使羚羊从身边经过，也懒得抬一下眼皮。瑞士奶牛也是一样，只要解决了吃饭问题，它就会闲卧在阿尔卑斯山的斜坡上，一边享受温暖的阳光，一边慢条斯理地反刍。

有一位作家非常赞赏瑞士奶牛和非洲狮子的生存哲学，他说，假如你的饭量是三个面包，那么你为第四个面包所做的一切努力都是愚蠢的。

年轻的时候，艾莎比较贪心，什么都追求最好的，拼了命想抓住每一个机会。有一段时间，她手上同时拥有13个广播节目，每天忙得昏天暗地，她形容自己：“简直累得跟狗一样！”

事情都是双方面的，所谓有一利必有一弊，事业愈做愈大，压力也愈来愈大。到了后来，艾莎发觉拥有更多、更大不是乐趣，反而成为一种沉重的负担。她的内心始终有一种强烈的不安全感笼罩着。

“灾难”真的发生了，她独资经营的传播公司被恶性倒账四五千万美元，交往了七年的男友和她分手……一连串的打击直奔她而来，就在极度沮丧的时候，她甚至考虑结束自己的生命。

在面临崩溃之际，她向一位朋友求助：“如果我把公司关掉，我不知道我还能做什么?”朋友沉吟片刻后回答：“你什么都能做，别忘了，当初我们都是从‘零’开始的!”

这句话让她恍然大悟，也让她勇气再生：“是啊！我们本来就是一无所有，既然如此，又有什么好怕的呢?”就这样念头一转，她不再沮丧。没想到，在短短半个月之内，她连续接到两笔很大的业务，濒临倒闭的公司起死回生。

历经这些挫折后，艾莎体悟到了人生“无常”的一面：费尽了力气去强求，虽然勉强得到，最后留也留不住；而一旦放空了，随之而来的可能是更大的能量。

她学会了“舍”。为了简化生活，她谢绝应酬，搬离了150平方米的房子，索性以公司为家，挤在一个10平方米不到的空间里，淘汰不必要的家当，只留下一张床、一张小茶儿，还有两只做伴的狗儿。

艾莎赫然发现，原来一个人需要的其实那么有限，许多附加的东西只是徒增无谓的负担而已。成功只是幸福的一个方面，而不是幸福的全部。人们对“成功”的需求是永无止境的，没完没了地追求来自外部世界的诱惑——大房子、新汽车、昂贵服饰等，尽管可以在某些方面得到快乐和满足，但是这些东西最终带给我们的是患得患失的压力和令人疲惫不堪的混乱。

许多年前，苏格拉底曾站在熙熙攘攘的雅典集市上叹道：这儿有多少东西是我不需要的！同样，在我们的生活中，也有很多看起来很重要的东西，其实，它们与我们的幸福并没有太大关系。我们对物质不能一味地排斥，毕竟精神生活是建立在物质生活之上的，但不能被物质约束。面对这个已经严重超载的世界，面对已被太多的欲求和不满压得喘不过气的生活，我们应当学会用好生活的减法，把生活中不必要的繁杂除去，让自己过一种自由快乐的生活。

留一点时间给自己

巴尔扎克说过，躬身自问和沉思默想能够充实我们的头脑。生活中，我们要时常问问自己：一天 24 小时，我们有多少时间留给自己？

“前几天，遇到一个好久不见的朋友，聊天的时候，他问了我这样一句话：‘你是怎么休假的？’面对这个极其普通的问题，我竟半天答不上来。后来，静下心来仔细想想，我最大的苦恼，就是很难找到真正属于自己的时间。一周五天，一天八个小时，工作时间的紧张繁忙自不必说，连准时下班对我来说都是一种奢侈，因为多半时候到了下班时间无法结束工作。”有一个都市白领在日记中这样写道。的确，现在生活节奏在不断的加快，人们每日的生活被安排的满满的，甚至会为工作忙碌到深夜，每天忙碌的是工作，谈论的是工作，几乎没有任何个人的闲暇时间，更不要说娱乐活动了。生活是丰富多彩的，而我们却只顾低头赶路！

生活中需要一些时刻属于我们自己。巴尔扎克说过，躬身自问和沉思默想能够充实我们的头脑。生活中，我们需要为自己找出一段完全属于自己的时间，和自己的心灵对话，体味生命的意义。

有人问古希腊大学问家安提司泰尼：“你从哲学中获得什么呢？”他回答说：“同自己谈话的能力。”同自己谈话，就是发现自己，发现另一个更加真实的自己。

很多时候我们的内心常为外物所遮蔽，从而无暇去聆听自己内心最真实的声音。于是，我们总是在冥冥之中希望有一个天底下最了解自己的人，能够静静倾听自己心灵的诉说，能够在熙来攘往的人群中为我们开辟一方心灵的净土。其实很多时候我们就是自己最好的知音，世界上还有谁能比自己更了解自己？还有谁能比自己更能替自己保守秘密呢？因此，当你烦躁、无聊的时候，不妨给自己一点时间，和自己的心灵认真地对话，让心灵退入自己的灵魂中，静下心来聆听自己心灵的声音，问问自己下面这些问题，相信会给你带来力量和好心情。

（1）我拥有什么

通常我们会为自己没有的东西而苦恼，却看不到自己拥有的，例如，健康——可以听、可以看、可以爱与被爱，每天拥有食物供我们享用等。正如那句口口相传的话所说的：“失去了才知道珍贵。”让我们走出哀怨，这样就可以让我们看到什么是我们拥有的。

（2）我应该为什么感到自豪

我们可以为自己已经取得的成绩而自豪。成绩不分大小，每一次成绩都意味着向前迈了一步。你可以为你刚刚战胜的一个挑战感到骄傲，可以为你帮助了一个陌生人而感到幸福，可以为帮助了一个朋友露出微笑，也可以为结识了新朋友或读了一本新书而高兴。总之，所有的一切都值得你自豪。

（3）我应对什么心存感激

每天都有很多事情让我们为之心存感激，同时也有很多人值得我们感激，因为他们在无形中教会了我们一些事情。生活的每一天，对于我们来说都是一份珍贵的礼物。

（4）我怎样才能充满活力

每天都要计划好做一些积极的事情，让自己充满活力。例如，可以给那些一直以来都很欣赏，却很久未联系的人打电话，或者留出时间和孩子玩耍等。

（5）我今天能解决什么问题

设法把那些原本想留到明天才解决的问题今天就解决掉，尽量在当天完成手边的工作，要敢于面对那些棘手的问题，并换一种角度看待它们。

（6）我能抛下过去的包袱吗

“过去的包袱”就是指那些常年积累起来的伤心的经历和怨气。背着这些沉重的包袱有什么用呢？建议你对过去做一个总结，把值得借鉴的经验保存起来，然后永远地卸下重负。

（7）我怎么换个角度看待问题

人往往都是别人的建议者，却不是自己的。很多时候，根本问题就是我们看待问题的方式。很多人都经历过为一件事苦恼不堪，然后又觉得可笑的时候。好与坏、悲和喜，只是我们看问题的角度不同而已。

（8）我怎样过好今天

要过好今天，我们就应该尝试着做些与往常不一样的事情。如果我们走出常规，学会享受生活，那么生活就是丰富多彩的。我们要敢于创造和创新。

（9）今天我要拥抱谁

拥抱是我们的精神食粮。曾经有一位心理学家说过，要想健康，每天要至少拥抱八次。身体接触是人最为基础的要求，它甚至可以帮助我们开发大脑。

（10）我现在就开始行动

其实，每天的生活都不是你想象中的那样，是让生活过得索然无味，还是积极向上，决定权就在自己的手中。从现在开始，行动起来，努力过上幸福的生活，你就不会失去什么。

当你的生活变得枯燥乏味，当你的内心觉得需要审视自己的时候，女人该为自己留出一段时间，试着安静下来认真倾听内心最真实的声音。这种倾听可以将我们从生活的繁忙中抽出来，拓展我们人生的深度，让我们再度体验自己生命的甘美。